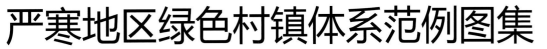

严寒地区绿色村镇体系范例图集

EXAMPLES AND CONSTRUCTION ATLAS OF GREEN TOWN AND VILLAGE SYSTEM IN COLD REGION

赵天宇 程 文 刘宇舒 编 著

哈尔滨工业大学出版社
HITP HARBIN INSTITUTE OF TECHNOLOGY PRESS

内 容 提 要

《严寒地区绿色村镇体系图集》作为"十二五"农村领域国家科技计划课题"严寒地区绿色村镇体系及其关键技术"（2013BAJ12B01）的成果之一，主要是面向绿色村镇体系规划的工具性图集。其主要内容包括：绿色村镇体系规划基本内容、绿色村镇体系规划图例、绿色村镇体系范例类型划分标准，以及绿色村镇体系规划范例。结合绿色村镇规划的实践和对东北地区村镇的大量实态调查，将东北严寒地区村镇的基础现状、规划思路、技术方法及规划成果等内容贯穿在"绿色村镇体系规划"的线索下，针对镇（乡）域的体系规划层面，梳理出规划的基本内容和图纸表达、绿色村镇的分类、各类型村镇绿色规划的侧重点与基本方法，通过对绿色空间、绿色产业、绿色交通、绿色基础设施，以及绿色村镇人居环境等规划的实践探索，为严寒地区的村镇规划提供绿色发展思路和技术借鉴。

本书的主要撰写人员如下：

赵天宇、程 文、刘宇舒、王 涛、黄 河、单雪竹、孙 玥

图书在版编目（CIP）数据

严寒地区绿色村镇体系范例图集/赵天宇，程文，刘宇舒编著.
—哈尔滨：哈尔滨工业大学出版社，2015.10
ISBN 978-7-5603-5668-6

Ⅰ.①严… Ⅱ.①赵…②程…③刘… Ⅲ.①乡村规划 – 中国 – 图集
Ⅳ.①TU982.29 – 64

中国版本图书馆CIP数据核字（2015）第255758号

责任编辑　王桂芝　任莹莹
出版发行　哈尔滨工业大学出版社
社　　址　哈尔滨市南岗区复华四道街10号　邮编150006
传　　真　0451-86414749
网　　址　http://hitpress.hit.edu.cn
印　　刷　哈尔滨市石桥印务有限公司
开　　本　889mm×1194mm 1/12　印张 10.5　字数 305千字
版　　次　2015年10月第1版　2015年10月第1次印刷
书　　号　ISBN 978-7-5603-5668-6
定　　价　98.00元

前 言
PREFACE

　　我国的城镇化正经历一个严峻的关键时期，一方面城市扩张与建设突飞猛进，在获得巨大经济成效的同时，环境与社会问题凸显，引发了多个层面的思考与反省，新型城镇化等一系列发展政策与战略的出台，标志着我国城镇化未来发展的新方向，以及发展观与城镇发展模式的转变；另一方面，乡村（村镇）作为城镇化的另外一极，同样面临着深刻的变革和发展的抉择，"粮食安全""生态安全""美丽乡村""乡愁""农民工"无不反映出"三农"问题不仅是城镇化进程中的首要难题，也是关系到国家发展根基的核心问题。东北农村地区作为承载着粮食生产和生态功能两个国家级重要职能的典型区域，其特殊的地理区位、严寒的气候条件和资源禀赋造就了城乡空间结构和形态的特殊性，同时，该区域的村镇发展方向和动力、建设速度和质量又与其核心职能不相匹配，东北地区的城乡发展，尤其是在"乡"层面的村镇发展中，农林牧业在经济结构、产业结构，乃至社会结构中却处于渐进渐弱的境地，而以城镇建设为核心内容的村镇体系规划，农业发展和生态保护更是普遍被忽视的内容。

　　绿色村镇是乡村地区未来发展的根本途径与目标，其内涵包括多层次的战略意义、美好愿景、政策与技术、社会结构与文化传承、空间环境与形态等，而村镇规划正是搭建理想与现实之桥梁的重要手段。本图集基于"十二五"农村领域国家科技计划课题"严寒地区绿色村镇体系及其关键技术"（2013BAJ12B01）的研究，结合绿色村镇规划的实践，以及对东北地区村镇的大量实态调查，将东北严寒地区村镇的基础现状、规划思路、技术方法及规划成果等零散的内容贯穿在"绿色村镇体系规划"的线索下，针对镇（乡）域的体系规划层面，初步梳理出规划的基本内容和图纸表达、绿色村镇的分类，以及各类型村镇绿色规划的侧重点与基本方法，希望通过对绿色空间、绿色产业、绿色交通、绿色基础设施，以及绿色村镇人居环境等规划的理论与实践探索，以范例规划图的直观方式，为严寒地区的村镇规划提供绿色发展思路和技术借鉴。

哈尔滨工业大学建筑学院教授、博士生导师

2015年7月于土木楼

目 录
CONTENTS

绿色村镇体系规划基本内容 1

绿色村镇体系规划图例 3

绿色村镇体系范例类型划分标准 4

绿色村镇体系规划范例 5

　　传统农业型——范例一：吉林省长春市齐家镇 5

　　　　　　　——范例二：黑龙江省五大连池市双泉镇 23

　　牧业主导型——范例三：内蒙古科右前旗察尔森镇 41

　　森工经济型——范例四：黑龙江省铁力市朗乡镇 57

　　垦区经济型——范例五：黑龙江省松花江农场 75

　　产业主导型——范例六：吉林省公主岭市范家屯镇 85

　　　　　　　——范例七：黑龙江省五大连池市五大连池镇 99

参考文献 117

致谢 120

1. 镇域现状综合分析

编制要点：进行区位、经济基础及发展前景、社会与科技等方面的分析，综合评价镇域自然条件与自然资源、生态环境、村镇建设现状，提出镇域发展的优势条件与制约因素，预测一、二、三产业的发展前景以及劳动力和人口流向趋势。

图纸内容：区位分析图、现状行政区划图、现状资源分布图、村庄人口与用地分析图、经济发展及居民收入分析图、镇域综合现状分析图等。

2. 镇域绿色产业规划

编制要点：研究镇域的产业发展现状问题以及未来绿色产业发展思路、策略、主导方向，构建绿色产业发展适宜性评价体系，结合现状资源条件筛选确定各村镇居民点的主要绿色产业类型，统筹规划镇域三次产业及主导绿色产业的空间布局，合理确定传统农业生产区、绿色农业生产区、休闲农业生产区、绿色农副产品加工区、绿色农副产品商贸物流区、生态旅游发展区等各类型绿色产业集中区的选址和用地规模；细化产业门类，特别是第一产业的种植门类与发展规模，体现农业产业化、规模化、绿色化种植的思路；重点完善绿色农业产业链及其服务体系，包括绿色农产品农资供给、技术服务、绿色加工、仓储运输等配套服务体系。

图纸内容：现状产业布局图、绿色产业区划图、绿色产业空间布局规划图、产业职能结构规划图、绿色产业链示意图、绿色产业循环体系框架图、绿色产业配套体系规划图等。

3. 镇域空间布局规划

编制要点：根据镇域山区、水面、林地、农地、草地、村镇建设、基础设施等不同用地类型的绿色特征，规划不同等级的绿色空间，并确定其具体空间范围，结合气候条件、水文条件、地形状况、土壤肥力等自然条件，提出各类用地空间的开发利用、设施建设和生态保育的要求及措施。

图纸内容：空间结构规划图、空间开发利用引导图、空间生态保育引导图、空间布局规划图等。

4. 镇域空间管制规划

编制要点：根据生态环境保护、资源利用、基础设施与公共安全等条件划定生态空间，确定相关生态环境、土地和水资源、能源、自然与文化遗产等方面的保护与利用目标和要求，结合建设用地适宜性、生态空间属性等特征进行用地条件的综合分析，划定镇域内禁建区、限建区和适建区的范围，提出镇域空间管制原则和措施。

图纸内容：空间管制技术框架图、生态空间属性分区图、建设用地适宜性评价图、空间管控引导图、空间管制规划图等。

5. 镇域居民点布局规划

编制要点：提出镇域居民点集中建设、协调发展的总体方案和村庄整合的具体安排，构建镇区、中心村、基层村三级体系；预测镇区和镇域各行政村人口规模和建设用地规模（建设用地分类和人均建设用地指标由各省级住房和建设主管部门按照本地情况确定）；确定镇区功能，划定镇区建设用地范围。依据建设用地适宜性、村庄发展潜力、撤并条件等综合分析，在尊重农民意愿、有利于村民生产生活的前提下，对部分村庄进行整合迁并，划分为保留整治型、集聚扩展型、撤并迁居型3种类型，并进行合理的空间布局。

图纸内容：居民点布局规划框架图、居民点发展潜力评价图、居民点撤并条件分析图、等级结构规划图、规模结构规划图、居民点布局调整规划图。

6. 镇域绿色交通体系规划

编制要点：进行镇域内综合交通分析，确定高速公路、国道、省道、县道和乡道等公路在镇域的线路走向，按照公路设计相关标准确定公路的等级和控制宽度。根据绿色交通体系的相关原则，对镇域内道路交通进行绿色优化升级，构建符合镇村体系格局和满足生产需求的道路网，完善镇域内通村公交线路，确定客运站、公交站点等交通设施的位置和规模。

图纸内容：综合交通现状图、绿色交通规划技术路线图、公交线路规划图、绿色储运体系规划图、镇域绿色交通体系规划图。

7. 镇域供水供能规划

编制要点：确定镇域内各居民点的水源地、给水方式、规模需求，重点保障饮用水质量达标率；预测各居民点的电力、燃气等负荷需求，规划镇域内相关设施的分布、等级、规模等；根据各居民点条件合理引导生物质能、太阳能、风能、水能、自然冷能等绿色清洁能源的推广应用。

图纸内容：供水供能现状图、供水方式分析图、绿色能源利用框架图、生物质能利用分析图、太阳能利用分析图、水能利用分析图、风能利用分析图；供水供能规划图。

8. 镇域环境环卫治理规划

编制要点：规划镇域内垃圾中转、集中处理设施的位置、规模，处理目标、方式，收集、运输体系等，确定各居民点垃圾处理设施等级、资源化利用途径；划定污水集中处理和分散处理的区域及方式，相应设施的选址与规模；确定村庄粪便处理的方式和用途，鼓励粪便资源化处理；根据各居民点条件合理引导化粪池、厌氧生物膜池、生物接触氧化池、土地渗滤、人工湿地、稳定塘等分散式绿色处理技术的推广应用。

图纸内容：镇域环卫治理现状图、绿色化污粪处理模式图、垃圾收运模式图、垃圾循环利用模式图、绿色环卫体系模式图、镇域环卫治理规划图等。

9. 镇域公共服务设施规划

编制要点：积极推进城乡基本公共服务均等化，按镇区、中心村、基层村三个等级配置公共设施，根据严寒地区村镇特点，合理安排行政管理、教育机构、文体科技、医疗保健、商业金融、社会福利、集贸市场、农业生产服务设施 8 类公共设施的布局和用地。

图纸内容：公共服务设施现状图、公共服务设施规划技术路线图、公共服务设施配建分析图、农业生产服务设施规划图、公共服务设施规划图。

10. 镇域防灾减灾规划

编制要点：以中心村为防灾减灾基本单元，整合各类减灾资源，确定综合防灾减灾与公共安全保障体系，提出防洪排涝、防台风、消防、人防、抗震、防疫、防冰雪寒冻、地质灾害防护等规划原则、设防标准及防灾减灾措施；迁建村庄和新建镇区必须进行建设用地适宜性评价。确定各村镇居民点配置的防灾减灾设施类型。

图纸内容：灾害区域分布图、综合防灾技术路线图、防震规划框架图、消防规划框架图、防洪规划框架图、防疫规划框架图、防冰冻规划框架图、综合防灾减灾规划图。

11. 镇域历史文化和特色景观资源保护利用

编制要点：确定镇域内自然保护区、风景名胜区、特色街区、名镇名村等历史文化资源的空间范围，参照相关规范和标准进行保护和开发利用。分析各村镇空间内的现代农业、休闲农业、河湖风光、林草景观等特色景观资源的类型，并提出相应的开发利用引导措施。

图纸内容：现状特色资源分布图、历史文化资源区划图、历史文化保护利用分析图、特色景观资源区划图、特色景观资源保护利用分析图。

12. 镇域生态环境保护规划

编制要点：根据区域保障自然生态安全和维护人群环境健康两方面的基本功能，依据不同区域自然属性、生态环境特征、主要功能、生态系统空间分布规律以及大气环境质量、水环境质量、土壤环境质量等情况，统筹考虑生产、生活、生态空间布局，把镇域空间划分为自然生态红线区（保留区）、生态功能保障区、农产品环境保障区、聚居环境维护区 4 大类生态环境功能区。针对不同生态环境功能区提出相应的生态环境保护与建设目标，建设管控措施。

图纸内容：生态环境保护框架图、生态环境分区体系图、生态敏感性分析图、生态格局优化分析图、生活多样性分析图、空气环境质量分区图、水环境质量分区图、土壤环境质量分区图、生态环境保护分区规划图。

绿色村镇体系规划图例

BASIC LEGENDS OF GREEN VILLAGES AND TOWNS SYSTEM

综合现状

- 镇区
- 行政村
- 高速公路
- 铁路
- 国道
- 省道
- 县道
- 乡道
- 镇界
- 村界
- 现状镇区用地
- 现状村庄居民点用地
- 河湖水面

空间布局规划

- 水面
- 林地
- 农地
- 草地
- 山区
- 规划村镇用地
- 设施

产业区划

- 特色森林体验区*
- 自然低碳农业区*
- 水上旅游开发区*
- 多元游览观光区*
- 综合旅游服务区*
- 绿色生态农林区*

职能结构规划

- 综合型
- 村庄型
- 林场型
- 农场型
- 旅游型

绿色产业规划

- 第一产业
- 第二产业
- 第三产业
- 绿色产业
- 林 林业*
- 建 建筑业*
- 批 批发零售*
- 果 绿色果蔬种植*
- 碳 农林低碳加工*
- 泉 生态矿泉研发*

产品储运规划

- 物 物流集散中心
- 仓 仓库
- 对外运输线路
- 主要收集线路
- 次要收集线路

空间属性分区

- 镇建设空间
- 村庄建设空间
- 农业发展空间
- 生态敏感空间
- 重大基础设施防护区

空间管制规划

- 禁建区
- 限建区
- 适建区

等级结构规划

- 镇区
- 中心村
- 基层村

规模结构规划

- >50000人*
- 1000-50000人*
- <1000人*

居民点调整规划

- 集聚扩展性村屯
- 保留整治型村屯
- 撤并迁居型村屯

绿色交通规划

- 码头
- 火车站
- 客运站
- 停车场
- 城乡快速公路
- 镇内环形公路
- 村间互通公路

公交线路规划

- 公交首末站
- 标准站
- 即停站
- 客运公交干线
- 客运公交支线

供水供能规划

镇区级供水供能设施

- 自来水厂
- 变电所、站
- 液化气站
- 供热站
- 高压线

村庄级供水供能设施

- 集中供水井
- 风能发电站
- 配电变压设备
- 罐装燃气
- 沼气设备
- 太阳能设备

环境环卫治理规划

- 垃圾填埋场
- 垃圾转运点
- 垃圾收集点
- 车库
- 污水处理厂
- 人工湿地
- 双层沉淀池
- 公共厕所
- 化粪池
- 对外转运线路
- 主要收运线路
- 次要收运线路

公共服务设施规划

- 行政管理设施
- 教育机构设施
- 文体科技设施
- 医疗保健设施
- 商业金融设施
- 社会福利设施
- 政 镇政府*
- 小 小学*
- 艺 游艺室*
- 医 医院*
- 商 商场*
- 福 福利院*

防灾减灾规划

- 主要救援道路
- 次要救援道路
- 防洪堤

镇区级防灾设施

- 灾 救灾指挥中心
- 消 消防指挥中心
- 鹤 消防水鹤
- 疫 防疫站
- 源 救灾水源点

村庄级防灾设施

- 救 救灾委员会
- 防 消防站
- 援 消防设施点
- 电 电力应急点

特色景观资源保护规划

- 历史文化资源点*
- 风景名胜资源点*
- 自然保护资源点*
- 石林地质保护区*
- 商务休闲度假区*
- 原始森林保护区*
- 巴兰河自然体验区*
- 五花顶原生态景观区*
- 红色革命纪念区*

生态环境保护规划

- 聚居环境维护区
- 农产品环境保障区
- 自然生态红线区
- 生态功能保障区
- 一类环境土壤功能区
- 二类环境土壤功能区
- 三类环境土壤功能区
- 四类环境土壤功能区
- 一类环境水功能区
- 二类环境水功能区
- 三类环境水功能区
- 一类环境空气功能区
- 二类环境空气功能区

注：标有"*"图例为示例性图例，具体名称及类型可根据村镇具体情况而定

绿色村镇体系范例类型划分标准

STANDARD FOR CLASSIFICATION OF GREEN VILLAGES AND TOWNS SYSTEM

城镇化快速发展时期，镇作为承担农村经济活动的基本地域单元，可以有效建立起城乡之间产业、就业、基础设施、社会事业等方面的良性互动，成为统筹城乡关系、协调区域发展的关键环节。

一、镇类型划分相关文献综述

我国镇数量基数较大，不同的地理区位、地域文化、资源禀赋造就了镇域空间结构与形态，社会经济与发展水平等多方面的差异。国内外学者以类型学方法为基础，主要存在以下几种考量：

（1）根据不同经济区、不同的发展动力、与大中城市的关系等对镇进行分类。沈迟（2006年）以省域范围内镇与大中城市区位关系为切入点，将其分为大都市边缘型、地域中心型和孤立型 3 种类型；韩非（2010年）通过研究镇的经济水平与大都市的关系，将镇分为服务业主导型、制造业主导型、均衡发展型和都市农业驱动型。

（2）以城镇经济水平和产业结构为切入点，研究镇承担的不同职能。王崇举（2011年）将小城镇划分为：社会实体的小城镇（行政中心小城镇）、经济实体的小城镇（工业型、工矿型、农业型、渔业型、牧业型、林业型、旅游服务型）、物资流通实体的小城镇（交通型、商品流通型、口岸），以及其他型（历史文化名镇）和综合型小城镇（同时具有上述全部或几种职能，县城镇和中心镇一般多为综合型城镇）。陈伯仲（1999年）提出了4种小城镇建设与发展的模式：贸易主导型、乡镇企业主导型、城郊型、风景旅游型。

（3）以职能为主，并适当考虑自然地理区位、空间布局以及发展模式等相关因素，进行综合分类。仇保兴（2004年）将小城镇分为十种模式：城郊的卫星城镇、工业主导型、商贸带动型、交通枢纽型、工矿依托型、旅游服务型、区域中心型、边界发展型、移民建镇型、历史文化名镇。国务院（2014年）出台《国家新型城镇化规划（2014-2020）》，将小城镇高度概括为专业特色镇和综合性小城镇，其中专业特色镇包括文化旅游、商贸物流、资源加工、交通枢纽等。

二、镇类型划分原则

借鉴已有相关分类研究，并综合考虑严寒地区特征，本图集中镇的类型划分遵循以下原则：一是以镇所承担的主要职能为划分镇的类型的主要依据。镇的职能类型可以综合体现镇在一定区域范围内的经济、社会发展中所发挥的作用和承担的分工，是镇在区域内经济、政治、文化等方面所起的作用，因而，以镇的职能为划分类型的首要原则。二是镇的职能类型的划分要适应镇所在地域范围的大小，并与区域内部职能结构相吻合。一般情况下，所研究的区域范围越大，其职能分工就越复杂。因此，镇的职能类型应对其在区域范围内承担的职能分工进行客观描述。三是镇的类型划分要对镇区位条件、资源禀赋以及产业结构等进行综合考虑。

三、镇类型构成

我国严寒地区镇的职能类型既要对实际条件进行充分反映，同时也应体现镇未来发展建设方向，因而综合考虑将其划分为传统农业型、牧业主导型、森工经济型、垦区经济型以及产业主导型 5 种类型。

（1）传统农业型　镇域内各村庄以传统农业生产为主，镇区以服务三农的生产生活为主要特征，镇域内经济结构相对单一，农业人口比例较高。

（2）牧业主导型　镇域以农业、畜牧业为主导，畜牧业生产基础好，拥有可以作为商品性畜禽等产品的集中生产区，并有能力向其他地区长期稳定地提供牧业产品，人口构成以农业人口为主。

（3）森工经济型　镇域以森工产业经济为主导，森林资源优势突出，拥有大量林区和木材的生产基地，并有能力向其他地区长期稳定地提供商品木材及相关产品，人口构成中林业人员比重较高。

（4）垦区经济型　以粮食主产的农垦经济为主导，主要指各农垦系统所辖农场，拥有商品粮基地、粮食战略后备基地和绿色、有机、无公害食品基地，为保障国家粮食安全、食品安全和生态安全做出了积极的贡献，人口构成中垦区经济相关人员比重较高。

（5）产业主导型　镇域以第二产业或第三产业为主导产业类型。前者工业基础较好，拥有较大面积的工业区，工业用地集聚现象明显，人口构成中非农人口比例相对较高。后者主要包括以商贸、物流、旅游服务等带动发展的村镇。其中，以旅游服务带动的村镇注重镇域自然资源与文化特质的体验、公共服务设施配套与相关特色产品经营等方面，人口构成中旅游业从业人员比重较高。

NO.1

传统农业型范例——范例一：吉林省长春市齐家镇

镇域现状综合分析

THE BASIC DATA AND THE CURRENT CONDITIONS

　　齐家镇地处长春市东南部长春一小时经济圈的最佳地带，东濒饮马河，与永吉县隔河相望，西接双阳河。全镇幅员面积277平方公里，耕地17 650公顷（人均0.35公顷），是双阳区乃至长春市著名的"农业镇"。全域辖21个行政村，214个村民小组，166个自然屯，2个街区，1个矿区，1个工业集中区。截止2008年底，镇域现状总人口43 356人（15 185户），其中非农业人口3 849人，农业人口39 507人。2008年末，全镇地区生产总值达到21.2亿元，比上年增长25%，第一、二、三产业增加值分别是0.6亿元、1亿元和3.4亿元，较上年增长12%、14%、85%，三次产业比重为26:39:35。

■ 齐家镇镇域综合现状图

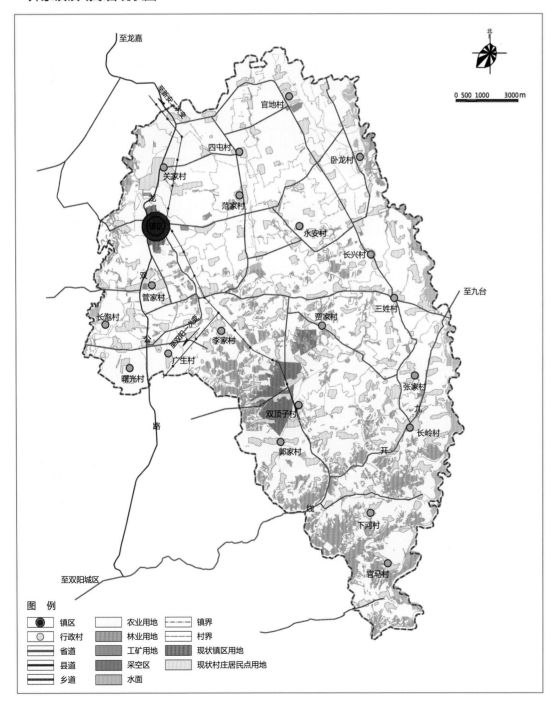

■ 齐家镇人口增长柱状图

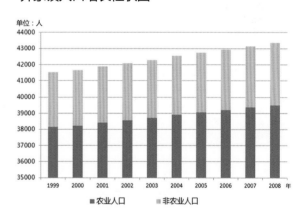

■ 2008年齐家镇主要经济指标表

经济指标	数值
全镇生产总值（亿元）	21.2
第一产业增加值（亿元）	0.6
第二产业增加值（亿元）	1
第三产业增加值（亿元）	3.4
全口径财政收入（万元）	1 100
全镇居民人均可支配收入（元）	11 000
农民人均纯收入（元）	6 100
城镇人均住房面积（m²）	25
农村人均住房面积（m²）	28
社会商品零售总额（万元）	51 000
人口自然增长率（‰）	3

■ 齐家镇镇域土地资源现状图

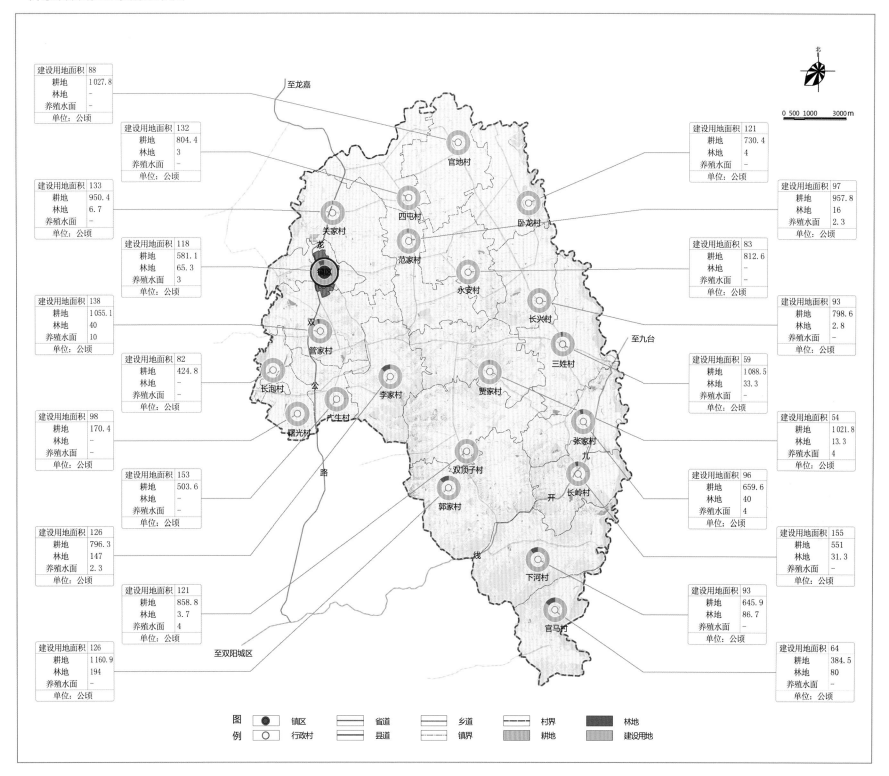

建设用地面积	88
耕地	1 027.8
林地	
养殖水面	
单位：公顷	

建设用地面积	132
耕地	804.4
林地	3
养殖水面	
单位：公顷	

建设用地面积	133
耕地	950.4
林地	6.7
养殖水面	
单位：公顷	

建设用地面积	118
耕地	581.1
林地	65.3
养殖水面	3
单位：公顷	

建设用地面积	138
耕地	1 055.1
林地	40
养殖水面	10
单位：公顷	

建设用地面积	82
耕地	424.8
林地	
养殖水面	
单位：公顷	

建设用地面积	98
耕地	170.4
林地	
养殖水面	
单位：公顷	

建设用地面积	153
耕地	503.6
林地	
养殖水面	
单位：公顷	

建设用地面积	126
耕地	796.3
林地	147
养殖水面	2.3
单位：公顷	

建设用地面积	121
耕地	858.8
林地	3.7
养殖水面	4
单位：公顷	

建设用地面积	126
耕地	1 160.9
林地	194
养殖水面	
单位：公顷	

建设用地面积	121
耕地	730.4
林地	4
养殖水面	—
单位：公顷	

建设用地面积	97
耕地	957.8
林地	16
养殖水面	2.3
单位：公顷	

建设用地面积	83
耕地	812.6
林地	
养殖水面	
单位：公顷	

建设用地面积	93
耕地	798.6
林地	2.8
养殖水面	
单位：公顷	

建设用地面积	59
耕地	1 088.5
林地	33.3
养殖水面	
单位：公顷	

建设用地面积	54
耕地	1 021.8
林地	13.3
养殖水面	4
单位：公顷	

建设用地面积	96
耕地	659.6
林地	40
养殖水面	4
单位：公顷	

建设用地面积	155
耕地	551
林地	31.3
养殖水面	
单位：公顷	

建设用地面积	93
耕地	645.9
林地	86.7
养殖水面	—
单位：公顷	

建设用地面积	64
耕地	384.5
林地	80
养殖水面	
单位：公顷	

至龙嘉 官地村 四屯村 卧龙村 关家村 范家村 龙 永安村 双 管家村 长兴村 至九台 长泡村 公 李家村 三姓村 贾家村 广生村 曙光村 路 张家村 九 双顶子村 长岭村 郭家村 开 线 下河村 至双阳城区 官马村

图例
● 镇区　〓 省道　〓 乡道　--- 村界　■ 林地
○ 行政村　〓 县道　〓 镇界　■ 耕地　■ 建设用地

北

0 500 1000　3000m

■ 齐家镇镇域自然资源现状

　　齐家镇地处吉林准褶皱带边缘，南部为低山丘陵，中部为波状起伏的岗地，北部为冲积平原，自然资源丰富。境内大小河流 20 余条，其中与永吉县分界的松花江主要支流饮马河过境 30 公里，双阳河斜穿齐家镇全境，素有"地下水库"之称。齐家镇地下水源总储量达 7.73 亿 ㎡，日径流量达 20 万 ㎡，水质清冽、甘甜，富含人体所需的多种微量元素，为纯天然矿泉水。有中小型水库 9 座，塘坝 49 处，水域面积 19 平方公里。齐家镇目前已探明的煤炭储量达 6 000 万吨，且煤质优良，石油、天然气、建筑石材、河沙储量丰富，草炭资源达 1 亿立方米，极具开发价值。全镇耕地中水田面积 6 354 公顷，旱田面积 11 296 公顷，分别占耕地总面积的 36% 和 64%。有林地面积 4 000 公顷，多为阔叶林和针阔混交林，适宜发展林下经济。

镇域绿色产业规划
TOWNSHIP GREEN INDUSTRY LAYOUT PLANNING

　　齐家镇是以粮食生产为主要职能的乡镇，农副产品加工业和服务业薄弱且仍处在较低的发展水平。一方面，双阳河、饮马河为优质水稻、特种玉米种植提供良好的水源基础；另一方面，长春市经济辐射、交通区位优势、矿产资源、森林资源也为服务于第一产业的二、三产业带来了巨大的拓展空间，基于农产品的绿色储运系统和绿色食品加工业，服务于农业生产的科技研发产业，面向农产品的商贸和流通的信息和网络系统具有较强的发展潜力，势必成为齐家镇产业发展的新方向。

■ 齐家镇镇域产业空间布局现状图

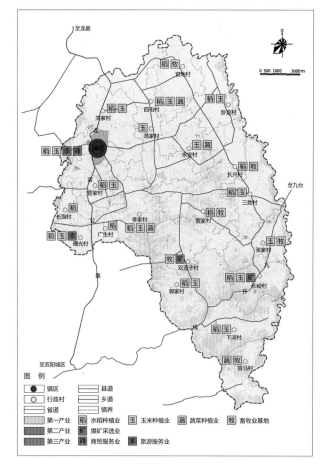

■ 齐家镇镇域绿色产业空间布局技术路线

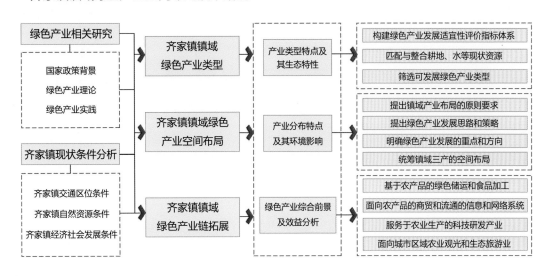

■ 齐家镇绿色产业发展适宜性评价

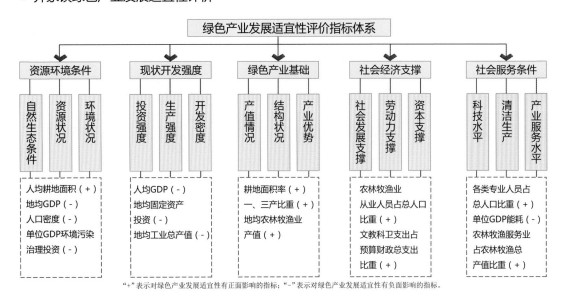

"+"表示对绿色产业发展适宜性有正面影响的指标；"-"表示对绿色产业发展适宜性有负面影响的指标。

• 齐家镇可发展绿色产业类型一览表

	第一产业	第二产业	第三产业
齐家镇可发展绿色产业项目	绿色水稻种植 无公害特色蔬菜 生态禽畜养殖	特色农副产品加工 林副产品精深加工	生态旅游业 现代旅游服务业 农业生产的科技研发

• 齐家镇现状产业类型一览表

村镇名称	第一产业				第二产业	第三产业
镇区	玉米	水稻	–	–	小企业	旅游
管家村	玉米	水稻	蔬菜	–	–	–
关家村	玉米	水稻	–	–	–	–
四屯村	玉米	水稻	–	–	–	–
官地村	玉米	水稻	–	–	–	–
卧龙村	玉米	水稻	–	–	–	–
永安村	玉米	–	–	–	–	–
范家村	玉米	–	–	–	–	–
长兴村	玉米	水稻	–	–	–	–
贾家村	玉米	–	蔬菜	–	–	–
三姓村	玉米	水稻	–	–	–	–
李家村	玉米	水稻	蔬菜	–	–	–
长泡村	水稻	–	–	–	–	–
曙光村	玉米	水稻	蔬菜	–	–	旅游
广生村	玉米	水稻	蔬菜	–	–	–
双顶子村	玉米	–	蔬菜	–	煤矿	–
张家村	玉米	–	–	畜牧业	–	–
郭家村	玉米	水稻	–	–	–	–
长岭村	玉米	水稻	–	–	煤矿	–
下河村	玉米	水稻	–	–	–	–
官马村	玉米	水稻	–	–	–	–

■ 齐家镇镇域绿色产业区划图

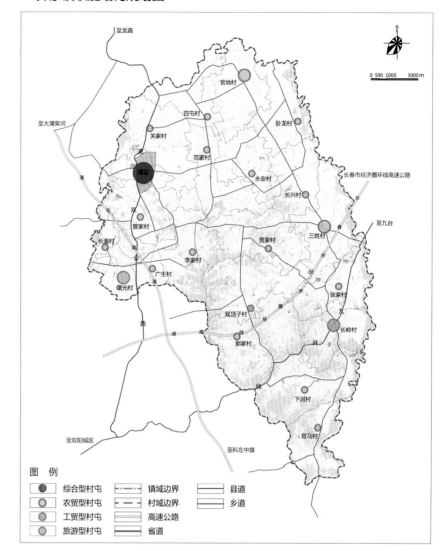

图 例

● 镇区	县道	畜牧养殖区		
○ 行政村	乡道	蔬菜种植区		
镇域边界	镇区建设用地	玉米种植区		
村域边界	河湖水面	煤矿采选区		
高速公路	商贸物流区	建材加工区		
省道	水稻种植区	林下经济区		

■ 齐家镇职能结构规划图

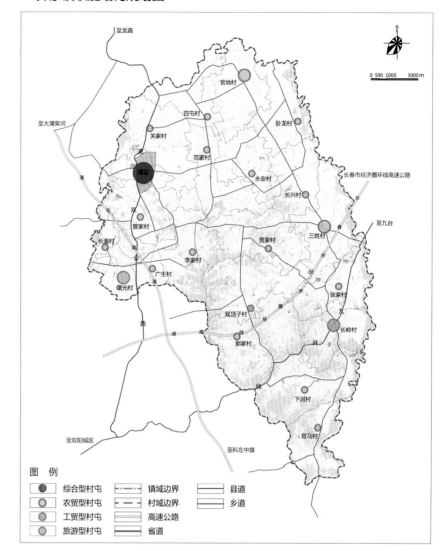

图 例

● 综合型村屯	镇域边界	县道	
◉ 农贸型村屯	村域边界	乡道	
◉ 工贸型村屯	高速公路		
◉ 旅游型村屯	省道		

• 齐家镇各村屯规划产业项目及职能类型一览表

产业分区	村镇名称	主导产业	可发展绿色产业项目	职能类型
商贸物流区	镇区	商贸服务业、旅游业、物流业	生态旅游业、绿色物流业	综合型
	关家村	种植业、商贸服务业	绿色水稻种植业	农贸型
	四屯村	种植业、商贸服务业	绿色水稻种植业、有机蔬菜种植业	农贸型
水稻种植区	官地村	绿色水稻种植、养殖业	绿色水稻种植业	农贸型
	卧龙村	以玉米、水稻种植为主	绿色水稻种植业	农贸型
	长兴村	绿色水稻种植、养殖业	绿色水稻种植业、绿色肉牛加工业	农贸型
	三姓村	以玉米水稻种植为主	绿色水稻种植业	农贸型
畜牧养殖区	永安村	养殖业、特种玉米、无公害蔬菜	绿色肉牛加工业、有机蔬菜种植业	农贸型
	范家村	养殖业、以玉米种植为主	绿色肉牛加工业、有机蔬菜种植业	农贸型
蔬菜种植区	曙光村	民俗旅游业、现代种植业	生态旅游业、现代农业科技开发	旅游型
	长泡村	以水稻种植为主	绿色水稻种植业	农贸型
	广生村	绿色水稻种植、加工、集散	绿色水稻种植业、绿色农产品加工业	农贸型
	管家村	以玉米、水稻种植为主，小企业	绿色水稻种植业	农贸型
玉米种植区	李家村	以玉米、水稻和蔬菜种植为主	绿色水稻种植业、绿色水稻种植业	农贸型
	贾家村	以玉米、蔬菜种植为主	绿色水稻种植业	农贸型
煤炭采选区	双顶子村	矿产开发、养殖业	绿色肉牛屠宰加工业	工贸型
	郭家村	以玉米、水稻种植为主	绿色水稻种植业	农贸型
建材加工区	张家村	建材加工、玉米种植、畜牧业	林副产品深加工	农贸型
	长岭村	矿产开发、现代农业	现代农业科技开发	工贸型
林下经济区	下河村	以林副产品深加工为主	绿色水稻种植业、林副产品深加工	农贸型
	官马村	旅游业、养殖业、种植业	森林特色生态旅游、林副产品深加工	农贸型

■ 齐家镇绿色农业产业链发展示意图

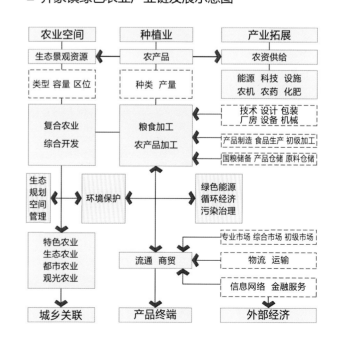

齐家镇镇域绿色产业空间布局规划图

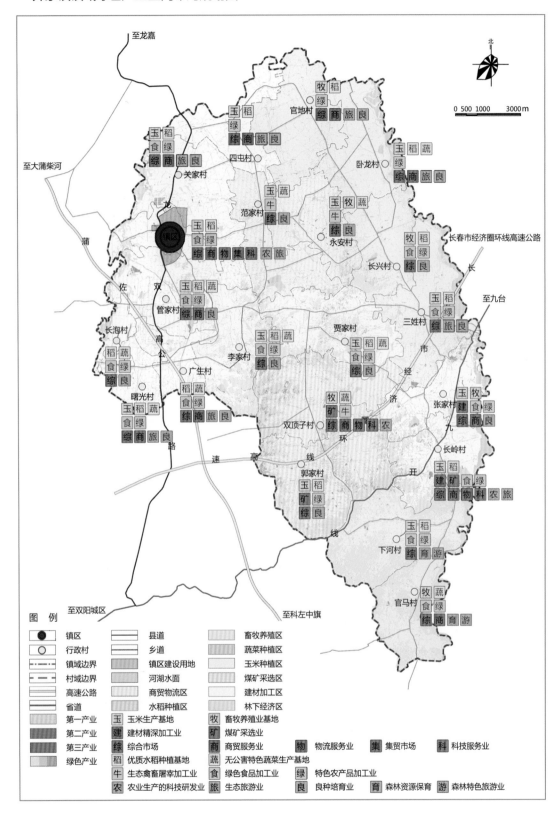

农产品储运系统构建

农产品储运主要包括仓储、运输、管理等多项内容，其体系构建应从仓储子系统、运输子系统和支撑子系统三个层次为切入点，明确思路与各层次构建的顺序和内容。同时兼顾粮食主导型与生鲜农产品主导型两类村镇的储运体系内容。

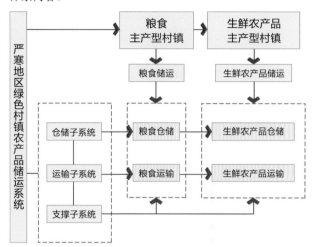

齐家镇镇域农产品储运路线规划图

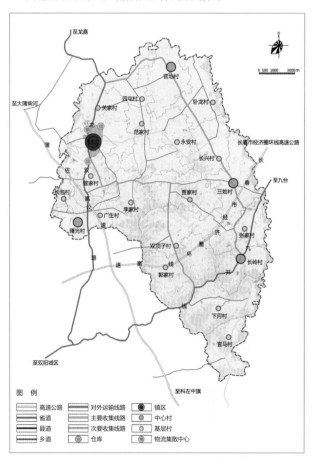

齐家镇镇域产业空间布局规划要以绿色发展为总指导，"以农为本，优化二产，拓展三产"思想为核心，针对不同绿色等级的产业类型进行专项控制、确定重点产业发展类别和方向、鼓励循环经济模式与农业产业链延伸发展，综合公共服务设施、基础设施建设等外部环境，引导农业资源、农业服务向更为高效的方向流动，统筹产业发展与生态建设之间的关系，促进绿色农业、生态工业、现代服务业的发展。

■ 齐家镇镇域空间布局规划图

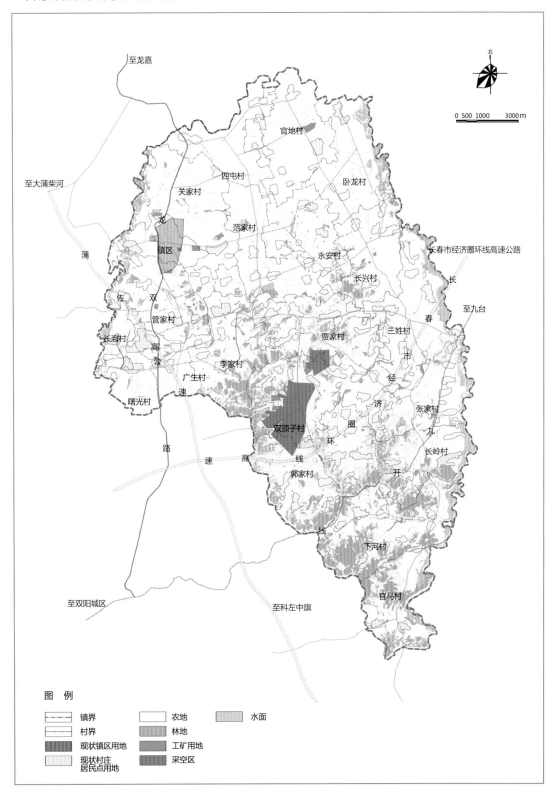

图　例

- ⋯⋯ 镇界
- —— 村界
- ▨ 现状镇区用地
- ▨ 现状村庄居民点用地
- □ 农地
- ▨ 林地
- ▨ 工矿用地
- ▨ 采空区
- ▨ 水面

　　齐家镇镇域空间布局依托南北、东西两条经济发展轴线，强化镇区产业集聚、经济辐射与极核带动作用，联动曙光村、长岭村、三姓村等镇域次级发展中心，形成层次分明的村镇发展与设施配建体系。村镇用地功能组织强调村镇职能、性质的匹配，注重生产与生活的便利，兼顾村镇发展与生态建设的协调，形成镇域空间公共资源集约与高效利用的布局形态。

镇域空间布局规划
TOWNSHIP SPATIAL DISTRIBUTION PLANNING

■ 齐家镇镇域空间结构规划图

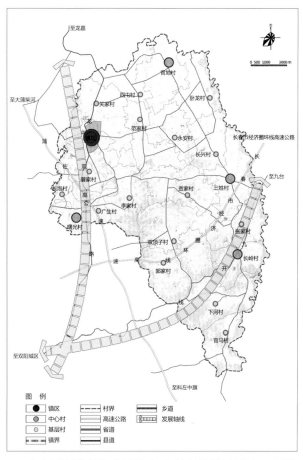

图　例

- ● 镇区
- ◉ 中心村
- ○ 基层村
- ⋯⋯ 镇界
- ⋯⋯ 村界
- —— 高速公路
- —— 省道
- ▨ 乡道
- ▨ 发展轴线
- —— 县道

　　规划采用非均衡发展战略，坚持极核发展原则，运用核心地域、增长节点和城镇聚合轴的点轴网络空间发展布局，形成"五心四轴"的空间格局，最终实现以齐家镇为核心的"点—线—面"结合的区域整体发展的空间结构。
　　主中心：齐家镇镇区
　　副中心：曙光村、长岭村、三姓村及官地村。
　　两条一级发展轴线：南北向发展轴以龙双公路为依托，贯穿齐家镇区及两侧村屯，主要以农副产品加工、旅游商贸、民俗旅游和蔬菜生产的产业构筑综合城镇村屯发展带。东西向发展轴以九开线为依托，贯穿连接张家、长岭、下河等村。
　　两条二级发展轴线：东西向发展轴主要有郭家、下河、长岭、张家等村，主要以林下经济、建材和煤炭资源开发为主。南北向主要联系齐家、永安、长兴等村。

镇域居民点布局规划
TOWNSHIP RESIDENTIAL POINTS LAYOUT PLANNING

　　农村居民点作为我国城乡建设用地的重要组成部分，是农村城镇化和集约化的重要载体与转化内容，其空间布局不仅反映了农村聚落的生产关系和社会文化，而且决定了农村土地利用系统的功能结构与综合效益。在粮食安全与生态保障等多重压力下，农村地域可供开发的土地资源日益稀缺，耕地保护与建设用地需求之间的矛盾日益突出。同时，建设用地闲置和低效利用的现象普遍，严重制约了村镇人居系统的高效运转。因此，如何整理村镇存量土地资源，优化现有居民点布局，合理配置人口等级结构与规模结构是绿色村镇发展亟待解决的问题。

■ 齐家镇镇域居民点布局规划技术路线

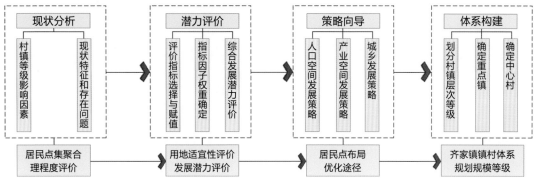

■ 齐家镇居民点调整规划图

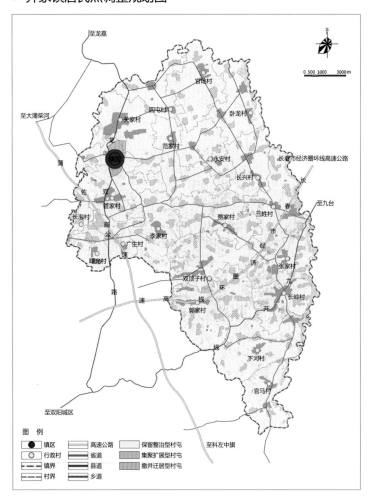

　　通过齐家镇内各个农村居民点进行集聚方式合理度计算、用地适宜性评价及发展潜力评价科学判断，确定各居民点的集聚方式及发展方向，确定了以下几种可能的集聚模式。

（1）保留整治型村屯

　　居民点具有一定农耕文化、历史价值、地域特色等不适宜迁入或合并的村屯类型，可以通过完善公共配套设施，改善居住环境等规划手段予以保留整治。

（2）集聚扩展型村屯

　　居民点规模较大，人口较多，迁移成本较大，不适宜迁并的村屯类型，可以通过完善道路及公共服务设施，维育自身集聚能力，吸收合并周边规模较小的自然村进行组团式发展。

（3）撤并迁居型村屯

　　居民点自然环境条件恶劣、交通不方便、信息不通、受自然灾害影响以及位于水源保护区、生态保护区或规模较小的村屯类型，应考虑远期撤并迁居至附近村屯、中心村等。

■ 居民点集聚合理程度指标评价体系

系统层	一级指标	二级指标	指标属性
城镇化水平	集聚规模	人口规模	｜
		村庄建设用地规模	｜
		城镇化率	+
	人居环境	人均宅基地面积	+
		人均公共绿地	+
	经济社会发展	农民人均纯收入	+
		家庭恩格尔系数	+
		青壮年外出打工率	−
		留守老人、儿童比例	−
		空心户比例	−
城乡一体化发展水平	空间融合度	公路网密度	+
		村庄道路硬化比例	+
		城乡信息化综合指数	+
	经济融合度	城乡信息化综合指数	+
		城乡居民比例	+
		非农业、农业就业岗位比	+
		城乡人均国民生产总值比	+
		三产与一产比重	+
	社会融合度	农村－城市最低保障收入差异比率	+
		农村－城市受教育年限差异比率	+
		农村－城市医疗保障差异比率	+
		农村－城市养老保障差异比率	+
		城乡社会保障覆盖率	+
	生活融合度	基础设施完备度	+
		居民满意度综合评价指数	+
		城乡居民恩格尔系数比	−
		城乡居民居住水平比	+
		城乡建筑耗能比	+
特质维育需求	农耕文化	耕地面积所占比例	+
		水稻田面积所占比例	+
		农业科技度评价	+
	历史文化	历史建筑典型性	+
		历史保存状况	+
		历史街巷规模	+
		传统风俗特殊性	+
	地域特色	特色农农产品、手工艺品价值评价	+
		特色旅游开发价值评价	+
		传统手工业特殊性评价	+

注："+"表示正向指标，即指标值越大越好；"−"表示负向指标，即指标值越小越好；"｜"表示平衡指标，即达到标准值最好

■ 村镇发展潜力评价指标体系

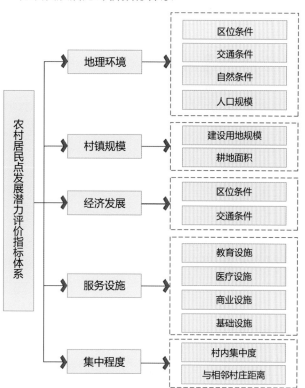

齐家镇镇村体系规划

村镇名称	村镇等级	村镇人口（人）		村镇名称	村镇等级	村镇人口（人）	
		现状人口	规划人口			现状人口	规划人口
齐家镇镇区	镇区	3 685	14 800				
管家村	基层村	2 738	2 000	张家村	基层村	1 916	1 100
关家村	基层村	2 637	1 800	曙光村	中心村	1 953	3 000
官地村	中心村	1 761	2 000	广生村	基层村	3 044	2 000
四屯村	基层村	2 633	1 400	长泡村	基层村	1 634	1 000
卧龙村	基层村	2 412	1 500	李家村	基层村	2 057	1 500
永安村	基层村	1 649	1 000	双顶子村	基层村	2 408	1 000
范家村	基层村	1 933	1 200	郭家村	基层村	2 506	1 900
贾家村	基层村	1 080	500	长岭村	中心村	3 081	3 500
长兴村	基层村	1 847	1 300	下河村	基层村	1 855	1 300
三姓村	中心村	1 178	1 400	官马村	基层村	1 270	500

以镇区为社会经济带动，以中心村为公共服务核心，以基层村为生活功能单元，建立"齐家镇区－中心村－基层村"三级镇村居民点空间结构体系。其中，中心村为官地村、三姓村、曙光村和长岭村，集中布局基础设施和社会设施。基层村为关家村、管家村、四屯村、卧龙村、永安村、贾家村、张家村、广生村、长泡村、李家村、双顶子村、郭家村、下河村和官马村。

居民点布局优化途径

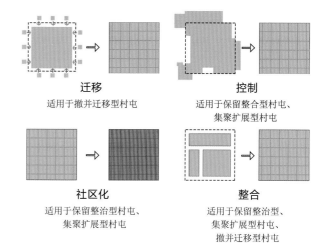

迁移
适用于撤并迁移型村屯

控制
适用于保留整治型村屯、集聚扩展型村屯

社区化
适用于保留整治型村屯、集聚扩展型村屯

整合
适用于保留整治型、集聚扩展型村屯、撤并迁移型村屯

迁移：对规划需拆垦的农村居民点进行迁并
控制：控制无序发展的农村居民点，促使其集聚发展
社区化：将城镇发展范围内居民点逐步发展为农村社区
整合：合并邻近或已融合的农村居民点，形成整体

齐家镇居民点规模结构规划图

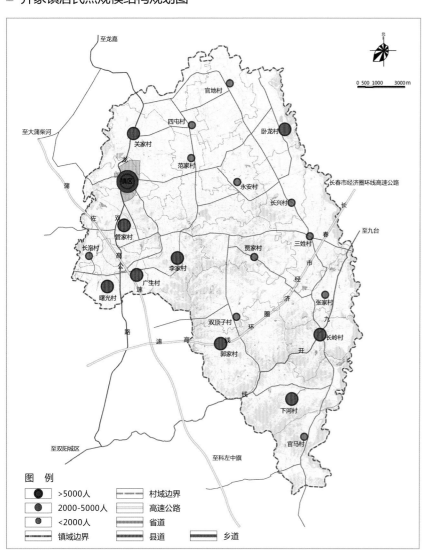

齐家镇居民点等级结构规划图

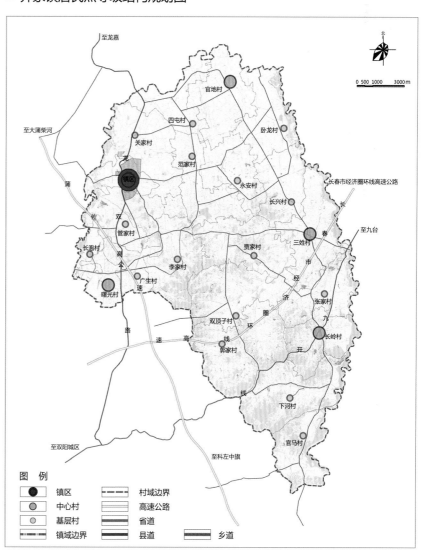

镇域绿色交通规划
TOWNSHIP GREEN TRANSPORTATION SYSTEM PLANNING

　　严寒地区村镇农林牧业资源的分布特点、农业生产作业的需求、居民生活的出行特征，使其道路交通系统呈现出与非农地区不同的功能属性与规划需求。严寒地区大部分村镇经济发展水平与基础设施建设尚处于起步阶段，非机动的出行方式、较小的用地规模、居民的行为习惯为镇域交通发展提供了一定的绿色基础，而对外社会经济联系（农产品储运系统等）、大型生产设施（农机等）使用、生态空间保育需求也为其提出了新的要求。村镇绿色交通体系构建应充分结合严寒地区气候与地域特征，明确以绿色发展为目标的基本思路，结合现状资源与生产生活特点，提高运输效率、降低能源消耗、减轻环境污染，在综合考量绿色生态和生态保护的前提下进行综合规划与控制引导。

■ 齐家镇绿色交通体系规划技术路线

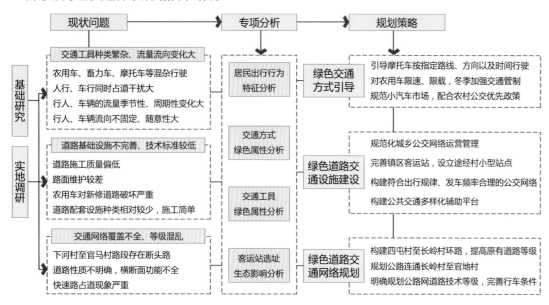

■ 齐家镇绿色交通公路网构建

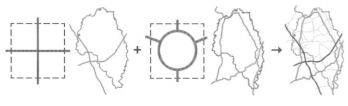

- 城乡快速公路
- 镇内环线公路
- 绿色交通公路网

　　齐家镇综合交通依靠原有省道与县道构成的十字骨架快速连通齐家镇与双阳及长春的联系，通过规划镇域内环线公路将各重点发展村屯连通，提高镇域内互通及运输能力，提高农产品运输效率，并减轻高级别公路通行压力，从而达到集约、高效的镇域综合交通网络。

■ 齐家镇公路技术等级要求

公路名称	规划公路作用	公路连通重要节点	规划公路等级
蒲左高速公路	城乡间快速连通	大蒲柴河、科左中旗	高速公路
长春市经济圈环线高速公路	城乡间快速连通	双阳区、长春	高速公路
九开线（S206）	镇内重点村屯互通	双阳区、长岭村、九台	二级公路
龙双公路（X026）	镇内重点村屯互通	龙嘉、管家村、齐家镇镇区、关家村、广生村、双阳区	二级公路
环线公路	镇内重点村屯互通	管家村、齐家镇镇区、关家村、四屯村、官地村、卧龙村、长兴村、三姓村、张家村、长岭村	三级及以下公路
其他村镇公路	各村屯间互通	范家村、李家村、贾家村、双顶子村、长泡村、郭家村、下河村、官马村等	三级及以下公路

■ 齐家镇综合交通现状图

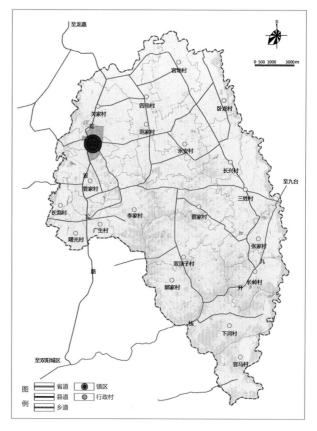

　　齐家镇地处长春市市区近郊，距 302 国道 10 公里，距长春市市区 45 公里，直抵长春龙嘉国际机场的龙双公路（X026）贯穿南北，省级公路（S206）横亘东西，长春一小时经济圈环线公路跨越全境，是长春市中心的辐射延伸发展区域，为双阳区最大的农副产品集散地。现状村镇道路基础设施功能不全，技术等级偏低，人车混行现象严重。同时，道路中人流、车流的流量、流向变化较大，交通管理与设施不健全。此外，交通运输工具类型混杂，农用车、畜力车、拖拉机、摩托车、自行车、平板车等机动车、非机动车同时占道现象普遍。还存在断头路，如下河村、官地村路段等。

■ 齐家镇绿色交通体系规划图

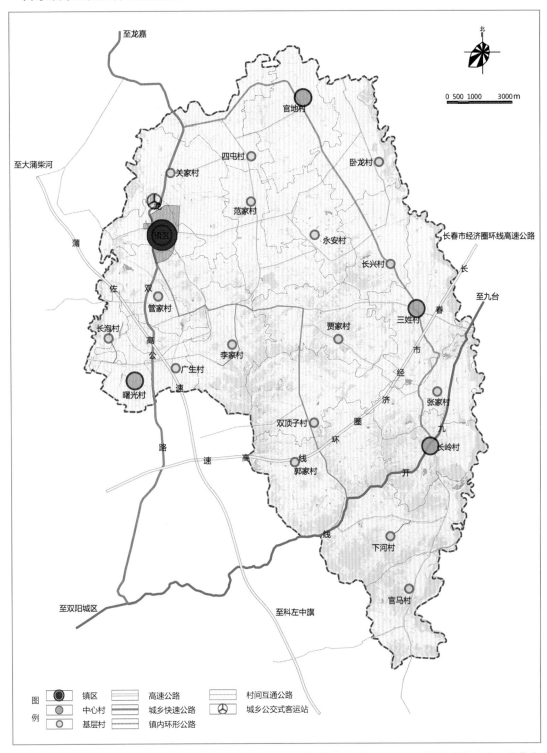

■ 齐家镇农村公交体系构建

公交相比其他机动交通工具，其运输效率高，服务范围广，平均能耗低、污染小，是居民中、远距离绿色出行重要的交通方式。其设施建设应从线路选择、场站建设、车辆配置三方面入手，通过确定合适的线路密度与服务半径，划定公交专用道路等手段提高村屯间的通达水平。

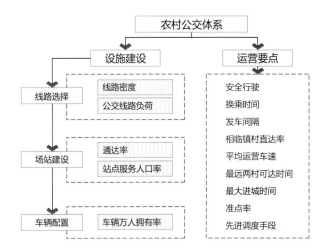

■ 齐家镇农村公交路线规划图

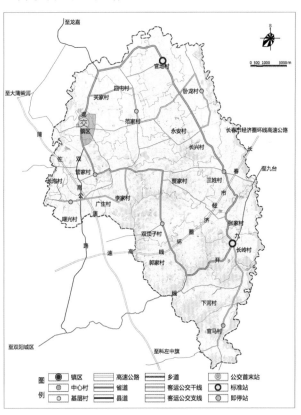

依托原有九开线省道、龙双公路县道等，规划形成连接长春主城区及双阳区的城乡快速路，并作为对外联系的交通要道；连通镇内部分村镇公路，通过提升技术等级等措施，与城乡快速路结合共同形成全镇的环形道路"骨架"，作为镇域内部相互联系的交通干道；维护、提升村间互通公路的质量，实现通村公路的全覆盖，提高镇域交通可达性。构建镇域范围的客货运快速环线，服务于农产品的绿色储运系统与农村公路公交系统。结合镇区设城乡公交式客运站、共享公交运输场站，合理安排客运公交线路的首末站、标准站及即停站，农产品储运的集散中心和仓库，其选址要综合考量生态、经济等因素。通过完善道路网络、绿色储运系统、公交系统等，构建集约、高效、生态、低碳的齐家镇镇域绿色交通体系。

依托齐家镇规划公路网中连通镇域内各个重点村屯的环线组织镇域公交线路网络，设镇区 1 处公交首末站，官地村、长岭村两处公交标准站，曙光村、三姓村等 7 处即停站，为镇域人口出行提供便捷。

镇域供水供能规划

TOWNSHIP MUNICIPAL INFRASTRUCTURE PLANNING

　　齐家镇镇区采用地下水源集中供水，住户较集中的中心村或基层村建设集中供水设施逐步实现分片统一供水，其他中心村和基层村因地制宜就近采用地下水源供水。镇区采用区域锅炉房集中供热（用地规模2公顷）。中心村和基层村可根据实际情况，在采暖建筑密集区建立锅炉房分片统一供热。同时，应积极鼓励和支持开发利用沼气、太阳能、风能等可再生能源供热技术。对于分散住户及企业建议推广使用可再生能源供热。

■ 齐家镇镇域供水供能规划图

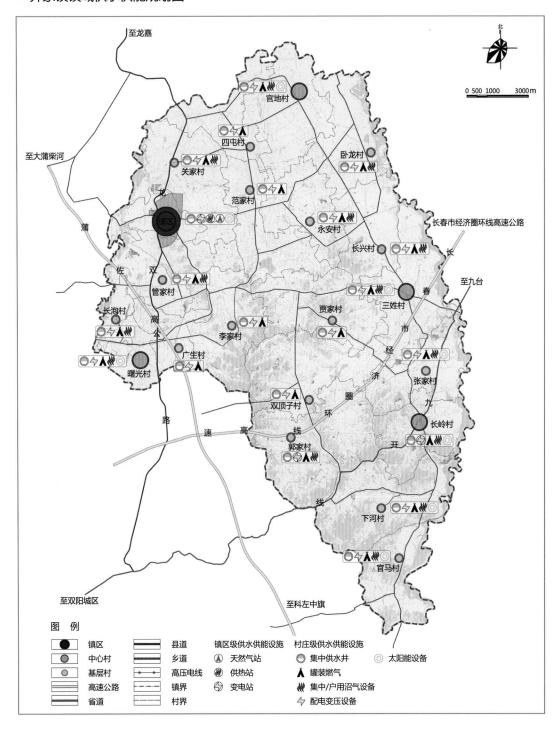

■ 齐家镇镇域供水供能现状图

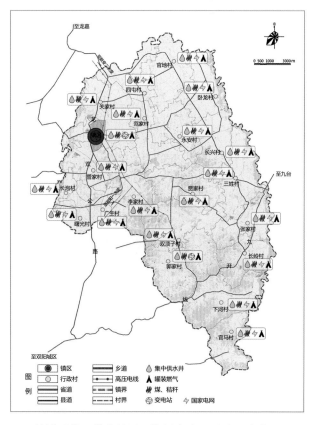

　　镇域无统一供水管网，饮用水水源以地下水为主，居民和部分企事业单位采用自备的浅水井供水，部分村屯地下水源存在铁锰超标现象。镇域无集中供热，供热形式现可分为两种，一是居民采用火炉、火炕、土暖气相结合的供热方式，二是企业事业单位采用小型锅炉房的供热方式。镇域内无燃气管线，液化气罐、燃煤、燃柴存在安全隐患，污染严重。镇域用电主要由66 kV齐家变电站和长岭变电站通过10 kV线路供给，供电网电压等级以10 kV及0.38 kV电网为主，供电线路以架空为主，变电设施以户外变压器为主。

■ 齐家镇地下水污染防治措施

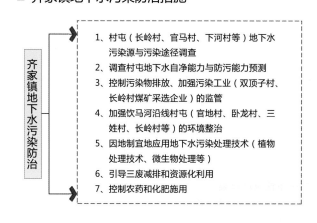

■ 齐家镇镇域环境环卫规划图

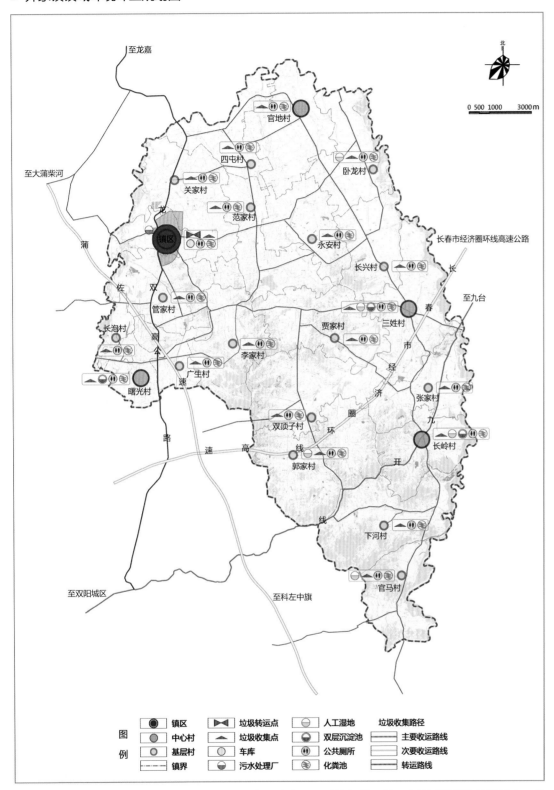

图例

镇区	垃圾转运点	人工湿地	垃圾收集路径
中心村	垃圾收集点	双层沉淀池	主要收运路线
基层村	车库	公共厕所	次要收运路线
镇界	污水处理厂	化粪池	转运路线

借助齐家镇与长春市双阳区的区位优势，资源共享双阳区垃圾处理场，在镇区设置垃圾转运点，各村庄布置垃圾收集点，合理规划镇域内垃圾收集、转运路线，形成"村收集""镇运输""区处理"的垃圾运输处理体系，鼓励引导垃圾的分类收集、封闭运输、无害化处理和资源化利用。镇区污水采用集中式处理，规划污水处理厂，村庄污水采用分散式处理，根据污水量、周边环境条件等，可选取人工湿地、小型沉淀池、化粪池等不同方式进行处理。

镇域环境环卫治理规划
ENVIRONMENTAL SANITATION GOVERNANCE

■ 齐家镇镇域环境环卫现状图

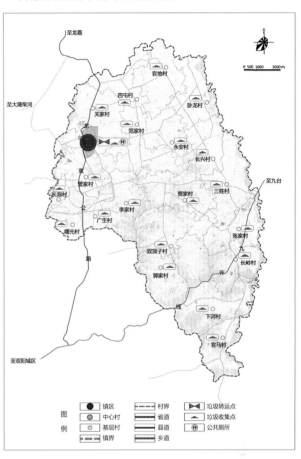

图例			
镇区	村界	垃圾转运点	
中心村	省道	垃圾收集点	
基层村	县道	公共厕所	
镇界	乡道		

齐家镇现状环卫设施较为匮乏，垃圾箱数量不足，没有公共厕所和果皮箱，现行垃圾收集方式相对落后。生活垃圾采取简单堆放的方式，对大气、地表水和地下水等环境都有一定的影响。垃圾堆场缺少必要的卫生处理设施，且未采取任何防疫措施，易造成传染性疾病的传播。

镇域公共服务设施规划

TOWNSHIP PUBLIC SERVICE FACILITIES PLANNING

　　村镇公共服务设施的合理配置是改善居民生活条件、缩小城乡差距及实现村镇绿色化发展的重要途径。严寒地区村镇的气候条件及生产生活方式造成了公共服务设施供给和需求的特殊性。同时，严寒地区村镇发展相对落后，尤其是较为偏远的农村地区，在教育、医疗、文体及农业生产服务等方面的公共服务设施配套明显不足。公共服务供给是城乡建设的重点，对严寒地区村镇的公共服务设施配置布局及建设管理的研究是一项惠及大众、具有重要意义的工作。

■ 镇域公共服务设施规划技术路线

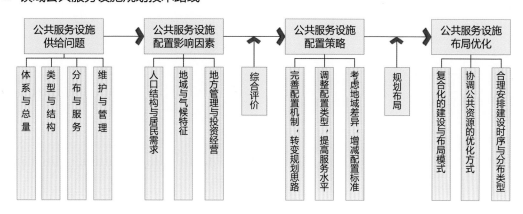

■ 齐家镇教育与医疗设施分布与服务覆盖范围分析图

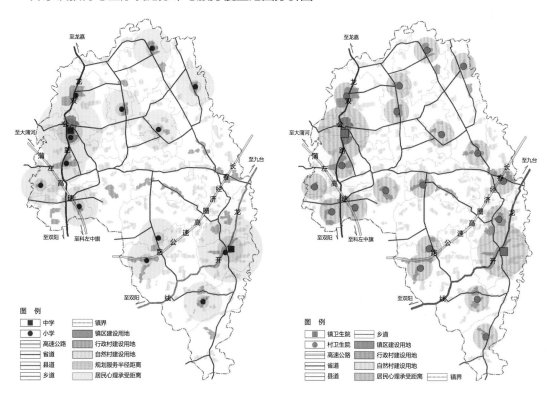

　　义务教育、文体娱乐、卫生医疗和社会保障等设施的配置应以小于或等于服务半径最大值为原则，采用分散与集中布局相结合的方式。但严寒地区村镇的各项公共服务设施配置逐步向镇区集中，达不到覆盖全镇域的要求。在严寒地区，即使偏远乡村 84.5% 的居民的出行心理接受距离已超出相应规范标准的 3 ～ 5 倍（在严寒气候下已是极限），依然有部分农村的上学、就医半径超出这个范围。

■ 齐家镇镇域公共服务设施现状图

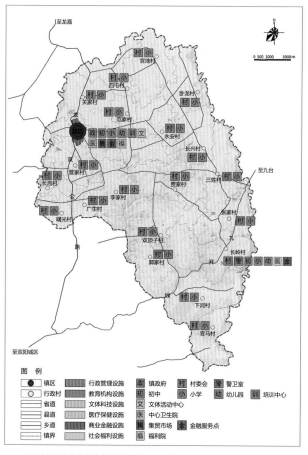

　　目前镇域范围内有小学 21 所，职业培训中心 1 所，数量基本能够满足需要，但教育设施质量有待提高；公共文化体育设施缺乏；医疗技术水平有限，应急反应能力不足；无独立为城镇居民服务的体育设施场地，体育设施严重不足；福利院 1 处，占地约为 0.2 公顷。

■ 村镇公共服务设施发展供给机制示意图

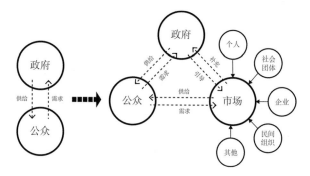

　　从需求出发，配合制度引导，建立多元化的供给主体体系，形成由政府牵头的"共建参与"的发展模式，配建指标可根据居民需求进行调整，并预留弹性。

齐家镇镇域公共服务设施规划图

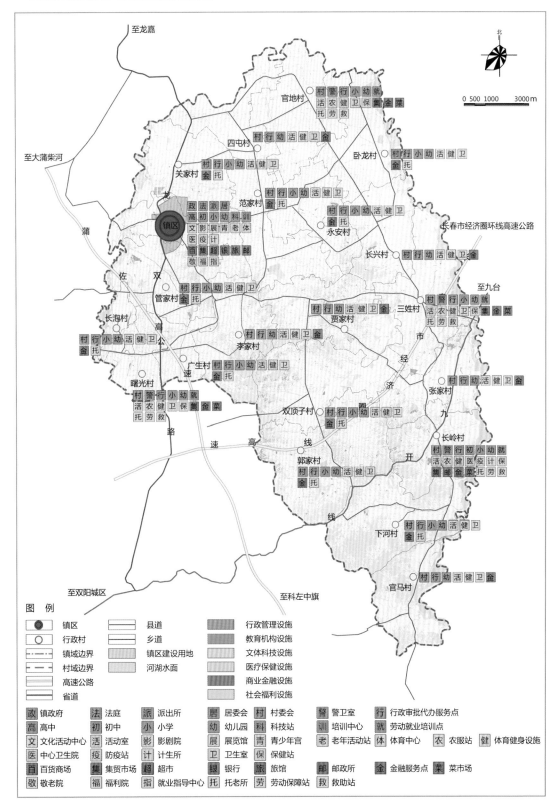

严寒地区村镇公共服务设施增设建议表

设施类别	项目	建议标准		配建内容	中心镇	一般镇	中心村	基层村
		用地面积（m²）	建筑面积（m²）					
社会福利与保障设施	敬老院	1 500	1 000	居家式生活护理、医疗保健与康复	●	○		
	托老所	400	200	提供日间休息、活动与餐饮服务	●	●	○	
	老年活动室	500	300	阅览、棋牌等活动，可与文化活动室综合设置	●	●	●	●
	老年室外活动	500	—	广场舞、太极拳等活动，可与带健身器械的广场综合设置	●	●	●	○
	社会福利服务中心	1 500	1 000	解决五保集中供养的问题，满足不同层次需求	●	○		
教育设施	农业科技培训中心	—	200~500	农业种植、养殖技术培训，村庄可以利用活动需求室以流动站点的形式定期培训	●	●	○	
	成人就业指导中心	—	200~500	为外出打工者提供相关信息咨询与技能培训	●	○		
农业生产服务设施	农业市场信息服务站	—	200~500	农资、农产品买卖服务流通信息	●	●	○	

注：●表示急需增加的设施；○表示条件允许可增加的设施；"—"表示不做具体要求，可与其他设施用地相结合配置的设施

不同时期重点保障建设的设施内容

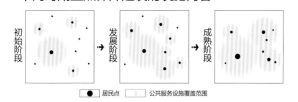

初始阶段 → 发展阶段 → 成熟阶段

● 居民点　 公共服务设施覆盖范围

不同时期重点保障建设设施类别一览表

设施类别	初期	发展期	成熟期
教育	幼儿园、小学	初中、技能培训学校	义务教育中心学校、社区学校、职业技能培训学校
医疗卫生	卫生所、药店	卫生院、私人诊所	专业医院、社区医院
文化体育	文体活动广场、活动室	文体活动站、棋牌室、图书室、体育健身器械	文体活动中心、综合性公园、戏曲舞台、放映厅
社会福利与保障	托老所、老年活动场地	敬老院、老年活动室	社会福利服务中心
农业生产服务	种子站、化肥站、合作社	农机租赁、供销社	信息化农产品买卖中心

齐家镇公共服务设施体系构建将最大限度地服务于各村屯，基于齐家镇现状人口及产业特征，本次规划将不局限于居民点等级的限制，而是充分考虑齐家镇寒地特征、经济实力、季节性特点以及设施自身服务半径、居民出行意愿等影响因素，构建可达性高、服务效率高、集约、可持续发展的齐家镇镇域公共服务设施体系。

综合所在地区发展阶段和特点，依托合理建设时序与政策引导，确保公共服务设施布局逐步趋于公平与完善。

镇域空间管制规划
TOWNSHIP SPACE CONTROL PLANNING

　　齐家镇东濒饮马河与永吉县隔河相望，西接双阳河与区内乡镇相连。齐家镇水资源丰富，地下水总储量达 7.73 亿立方米，为纯天然矿泉水，是长春市备用水源。规划依据齐家镇镇域资源环境承载能力和自然、历史文化保护、防灾减灾等要求，综合分析齐家镇镇域用地条件划定镇域内基本农田、林地及生态保护区、双顶子村煤矿采空区为禁建区；饮马河和双阳河及其支流沿岸、高速公路两侧各 100 米范围内为限建区；镇区规划范围内用地及各行政村村委会所在地现状建设用地为适建区。

■ 齐家镇空间管制规划图

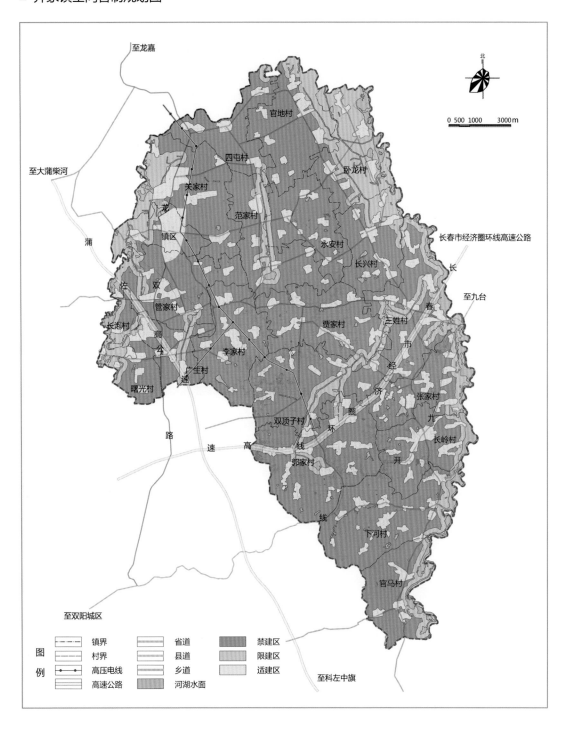

■ 齐家镇镇域空间属性分区

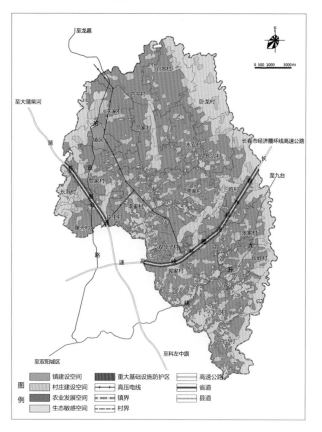

■ 齐家镇镇域空间属性划分范围

分区名称	主要划分范围与建设控制引导
小城镇建设区	主要为现状建设用地及规划建设用地。逐步完善各项基础设施与公共服务设施，提高服务水平。
村庄建设区	主要为齐家镇镇域范围内各自然村屯等农村居民点用地。对该类分区用地应确定其建设用地规模、布局及相应公共服务设施、市政设施等配套水平，同时注意避免重复开发，部分区域需改造整治的必须严格控制。
农业生产区	主要为齐家镇镇域内基本农田及一般农田。齐家镇作为传统农业型乡镇，需对基本农田严格控制，保障农业生产正常进行。
生态敏感区	主要为饮马河和双阳河及其支流、林地。齐家镇是长春市备用水源，应硬性禁止水源保护区内建设项目。对规模小、生态影响小的建设项目可采取弹性控制手段。
重大基础设施防护区	主要为污水处理厂及高速公路等面状基础设施防护区和基础设施廊道等。注重不良生态干扰隔离与防护。

齐家镇镇域防灾减灾规划图

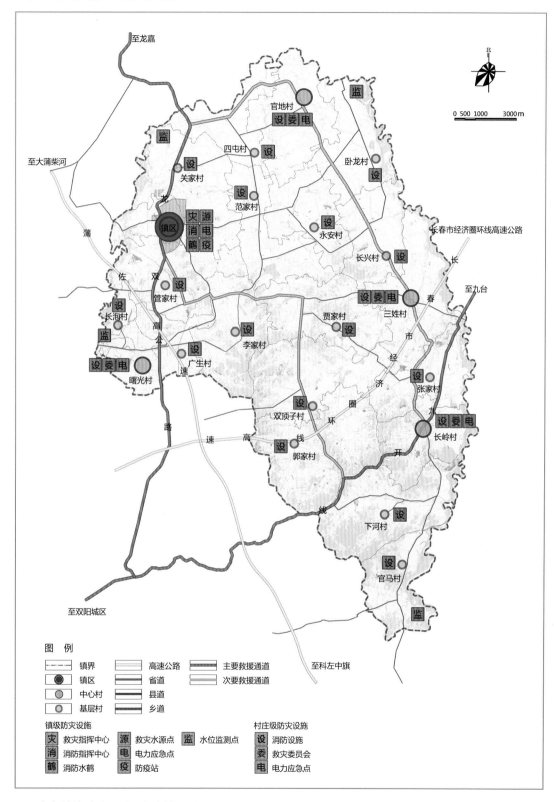

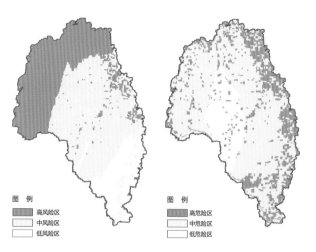

镇域防灾减灾规划
DISASTER PREVENTION AND REDUCTION

齐家镇暴雨风险区划及暴雨危险性图

图例
高风险区
中风险区
低风险区

图例
高危险区
中危险区
低危险区

齐家镇镇区无消防站，镇区及村庄无消火栓，没有专用的消防水池，部分地区（下河村、官马村等村屯）消防通道不畅，各消防重点保护单位自救设施和自救能力不足。饮马河险段多，双阳河险段险，两河堤防缺少必要的管护措施；河流河道断面窄，河床淤积，缺少堤防和穿堤建筑物；防洪标准达不到规范要求标准。

齐家镇防灾体系组成要素一览表

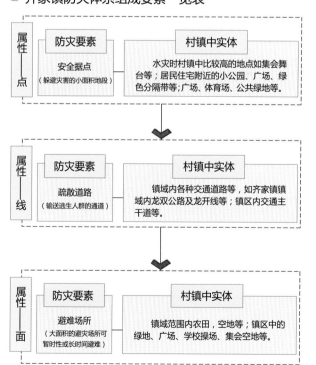

齐家镇镇域防灾减灾规划的重点是消防以及防洪。村镇建设应避开地质灾害易发区和蓄滞洪区，最大限度地预防和减轻灾害毁伤。增强对暴雨及洪灾的预防，在双阳河及饮马河上下游分别增加水位监测点。加强对危险品的生产、储存、运输和使用管理。对于生产生活所需的高风险设施，应按照相关规范要求统一规划、合理布局、审慎建设、严格管理。市政公用设施要有机布置，以增加抗灾应变能力。加强流行性传染病的预防和控制，完善医疗救济网络，提高应对突发性公共卫生事件的能力。

镇域历史文化与特色景观资源保护规划

TOWNSHIP HISTORICAL CULTURE AND LANDSCAPE RESOURCES PROTECTION

　　齐家镇历史文化规划结合当地经济、社会和历史背景,遵循保护历史真实载体、保护历史环境、科学利用、可持续发展的原则,对 3 处历史遗址制定保护措施和实施方案,力求从整体上保护风貌特征以及文化特征。齐家镇特色文化景观主要包括双阳河景观、饮马河景观、森林资源景观及农业生产景观,特色景观资源保护规划对镇域范围内资源进行分类整合,在不同区域、不同地段提炼不同特色,鼓励提供更多开放空间,注重空间和建筑形态的控制。

■ 齐家镇镇域历史文化与特色景观资源保护规划图

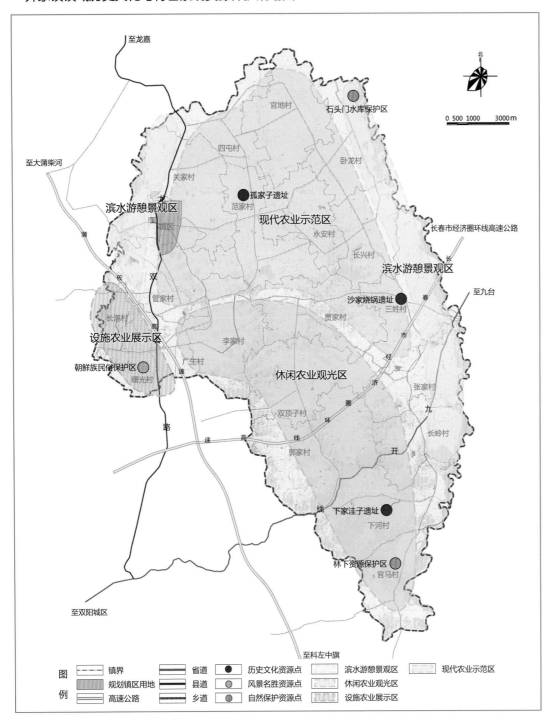

图例
镇界	省道	● 历史文化资源点	滨水游憩景观区	现代农业示范区
规划镇区用地	县道	● 风景名胜资源点	休闲农业观光区	
高速公路	乡道	● 自然保护资源点	设施农业展示区	

■ 齐家镇镇域历史文化与特色景观资源保护现状

文物保护名称	年代	类别	所在地	保护级别
孤家子遗址	辽金	古遗址	范家村	县(市)级
沙家烧锅遗址	辽金	古遗址	三姓村	县(市)级
下家洼子遗址	青铜	古遗址	下河村	县(市)级

　　齐家镇生态旅游资源丰富,东北方向为以石头门子水库为核心的国家级水利风景区,正南方向为双阳区北山风景区,西北部方向为净月国家风景区。镇域内有 3 处县(市)级的文物保护遗址,镇域内存在丰富的人文历史文化资源,文物保护单位共 3 处,以遗址为主,均为区级文物保护单位,大多为辽金古城遗址。

■ 齐家镇镇域特色景观资源保护引导

分区类型	分区基本情况及控制引导策略
滨水游憩景观区	石头门子水库为长春市备用水源。禁止工业项目进入,加强水库周围保护措施建设,严格保护水库水源安全。 双阳河、饮马河流域禁止工业项目进入,在生态承载力范围内,不破坏生态环境的前提下,可适当引入生态旅游观光项目。
休闲农业观光区	官马村、下河村及双顶子等村生态条件优越并具备休闲农业发展条件,规划应以最大限度保留区域内原有生态系统为基础,引导并控制各种建设工程,同时对区域内森林资源禁止任何形式的开荒、毁林行为,并加强生态公益林的保护建设,提升区域水源涵养和水土保持功能。
设施农业展示区	永安村、长行村等村农业发达,现代化农业条件成熟,可以考虑适当引入设施农业展示等相关项目,一方面发展种植业,一方面通过种植业带动三产发展。
现代农业示范区	管家村、曙光村农业现代化发展条件成熟,现代农业示范区宜以种植体验为主,旅游开发与生态保育并重,控制开发强度与开发规模。

NO.2

传统农业型范例——范例二：黑龙江省五大连池市双泉镇

镇域现状综合分析

THE BASIC DATA AND THE CURRENT CONDITIONS

　　双泉镇位于黑龙江省五大连池市北部（距市区约9km），东依焦得布山，南邻永丰劳改农场，西与团结乡接壤，北靠五大连池风景区。北五公路、讷五公路横穿而过，是南部各城市通往五大连池风景名胜区及讷河的咽喉，镇域范围内矿泉资源丰富，被誉为"中国矿泉水之乡""中国矿泉渔米之乡"。2010年，镇域总人口1.71万人，其中农业人口为1.69万人（总人口占比96.57%），共有8个行政村（双泉村、宝泉村、向阳村、东兴村、一心村、三合村、龙头村、龙丰村），19个自然屯。全镇生产总值达14 537万元，人均GDP为8 333元，三次产业比例为95.2%:1.7%:3.1%。

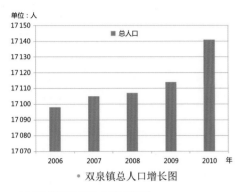

● 双泉镇总人口增长图

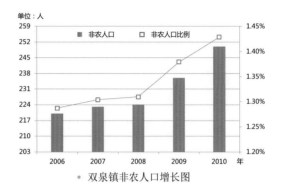

● 双泉镇非农人口增长图

• 双泉镇人口变动情况统计表

年份 （年）	出生人口 （人）	死亡人口 （人）	总户数 （户）	总人口 （人）
2006	168	120	5 517	17 098
2007	162	126	5 520	17 105
2008	145	125	5 524	17 107
2009	163	128	5 525	17 114
2010	172	130	5 527	17 141

■ 双泉镇镇域综合现状图

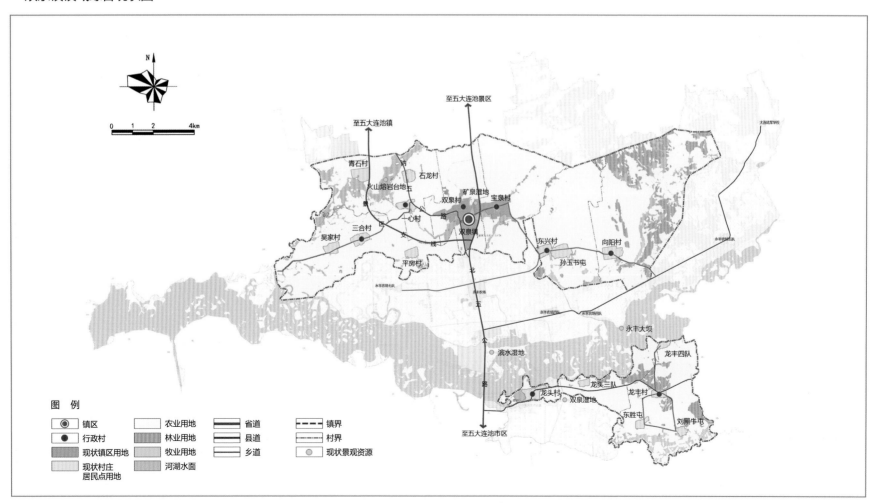

■ 经济发展

双泉镇镇域产业结构以第一产业为主（90%以上），第二、三产业发展相对缓慢。经济增长主要依赖于农业，呈现"一、三、二"型的产业结构，产业模式单一且后劲不足；第二产业主要为农副产品加工业和小型企业，规模普遍偏小且结构不合理，缺乏地方品牌特色；旅游基础好，但受地方经济、基础设施等方面的制约发展尚缓，多以低水平商业、餐饮、住宿为主。应加快产业转型的步伐，在稳步提高农业与工业生产的同时，也要培育多元产业，充分利用政策优势，以改变过分依赖第一产业的现状，促进双泉镇经济的可持续发展。

• 双泉镇主要经济指标统计表

年份（年）	生产总值（万元）	第一产业（万元）	第二产业（万元）	第三产业（万元）	村民人均年收入（元）
2006	6 486.0	6 188.5	84.4	210.1	3 104.9
2007	7 629.5	6 952.7	97.5	216.6	3 944.7
2008	9 519.0	9 127.0	121.7	270.3	5 128.1
2009	10 446.3	9 981.6	111.8	352.9	5 631.0
2010	14 537.2	13 840.9	243.6	452.7	8 090.1

• 双泉镇禽畜养殖业统计表

村镇名称	奶牛（头）	肉牛（头）	羊（头）	猪（头）	鸡（只）	鸭（只）	鹅（只）	貉（只）
向阳村	61	222	1 981	40	533	37	18	—
东兴村	63	233	1 059	47	928	223	204	—
双泉村	109	236	1 324	53	1 040	439	308	93
宝泉村	128	193	843	841	758	701	278	39
一心村	325	234	1 229	130	678	115	56	200
三合村	83	282	1 078	89	588	165	90	—
龙头村	271	185	1 453	59	665	43	38	266
龙丰村	999	336	1 790	43	1 080	482	428	5

• 双泉镇种植业统计表

村镇名称	大豆（亩）	水稻（亩）	小麦（亩）	马铃薯（亩）	其他（玉米等）（亩）
向阳村	15 900	—	150	1 450	2 500
东兴村	11 120	—	180	1 800	900
双泉村	17 120	—	80	700	2 100
宝泉村	12 775	365	60	500	2 300
一心村	11 383	2 227	90	1 900	2 400
三合村	5 492	5 608	140	960	1 800
龙头村	3 370		400	830	1 800
龙丰村	8 640	—	900	860	2 200

■ 双泉镇各村屯土地资源现状图

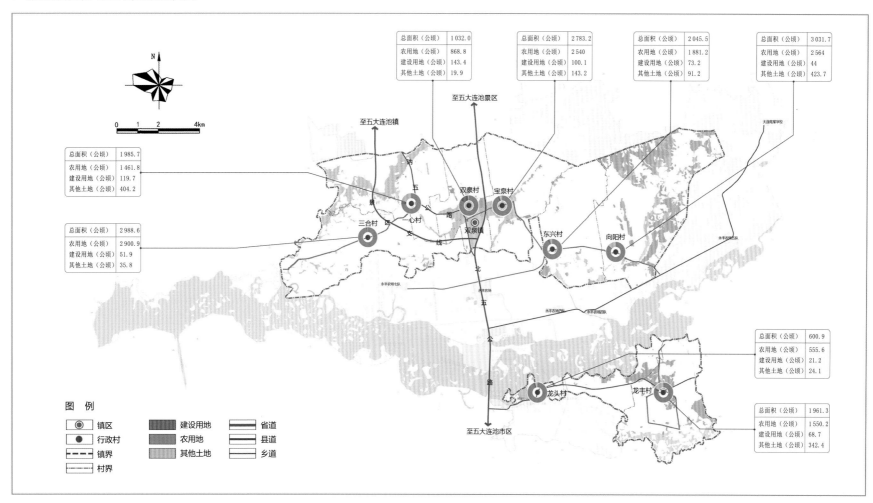

镇域绿色产业规划
TOWNSHIP GREEN INDUSTRY LAYOUT PLANNING

双泉镇正处于发展与转型的重点时期，针对产业发展的现状特征和面临问题，规划重点推进农业三产化，大力发展矿泉特色农业、精品农业和外向型农业，全面提高农产品综合生产能力和附加值；稳步推进以矿泉资源为主的矿泉饮料、矿泉食品、矿泉泥化妆品等生产加工业；重点培育以矿泉疗养、休闲度假为核心的旅游业，配套住宿、餐饮、交通、游览、娱乐、购物等接待服务。

■ 双泉镇镇域产业空间布局现状图

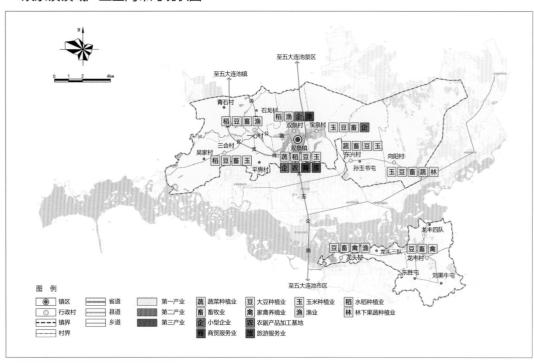

■ 双泉镇镇域绿色产业区划图

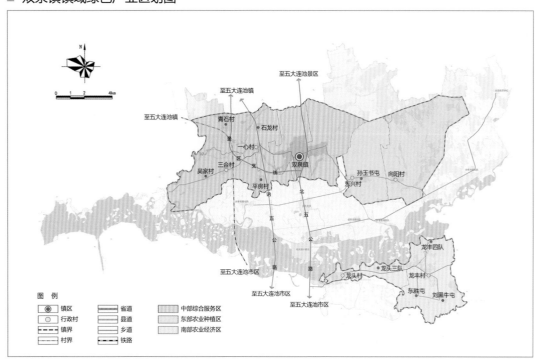

■ 双泉镇产业发展概况

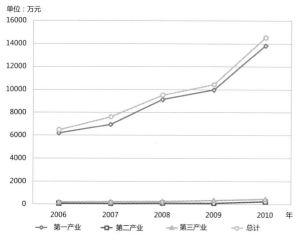

● 双泉镇历年各项产值变化图（2006～2010年）

● 双泉镇现状产业统计表

村镇名称	第一产业			第二产业	第三产业
镇区	大豆	玉米	—	畜牧业	小企业	旅游
双泉村	大豆	玉米	水稻	畜牧业	小企业	旅游
宝泉村	大豆	玉米	—	畜牧业	小企业	—
向阳村	大豆	玉米	—	畜牧业	—	—
东兴村	大豆	玉米	—	—	—	—
一心村	大豆	玉米	水稻	畜牧业	小企业	—
三合村	大豆	玉米	水稻	—	—	—
龙头村	大豆	玉米	—	畜牧业	小企业	旅游
龙丰村	大豆	玉米	—	畜牧业	—	—

● 双泉镇产业区划表

产业分区	村镇名称	主导产业	可发展绿色产业项目
中部综合服务区	镇区	旅游业、种植业农副产品加工	生态旅游、矿泉稻种植、矿泉产品加工
	一心村	以水稻种植、养殖为主	矿泉稻种植、矿泉渔业、绿色食品加工
	三合村	以水稻、大豆种植为主	矿泉稻种植、有机蔬菜种植、绿色食品加工
东部农业种植区	东兴村	以大豆、玉米种植、渔业为主	有机蔬菜种植、绿色食品加工、矿泉渔业
	向阳村	以大豆种植、林业为主	有机蔬菜种植、林下资源立体开发
南部农业经济区	龙头村	以大豆种植、养殖业为主	有机蔬菜种植、绿色食品加工、矿泉渔业
	龙丰村	以养殖业、种植业为主	有机蔬菜种植、绿色食品加工

结合双泉镇的现状资源及产业特征，规划中部综合服务区以旅游服务、休闲疗养、矿泉产品生产加工、特色农业种植观光为主；东部农业生产区以农业种植和农副产品生产加工为主；南部农业经济区以农业种植、特色养殖和农副产品生产加工为主。

■ 双泉镇镇域职能结构规划图

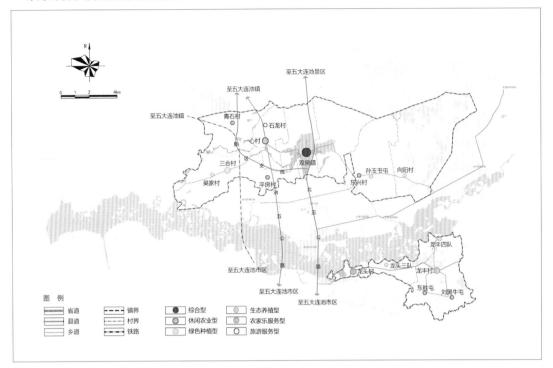

■ 双泉镇绿色产业链发展示意图

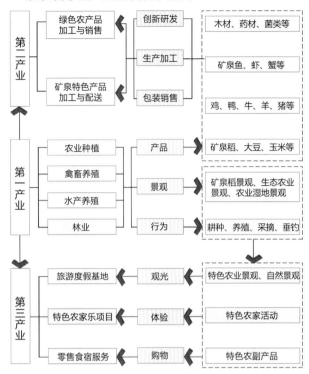

■ 双泉镇镇域绿色产业空间布局规划图

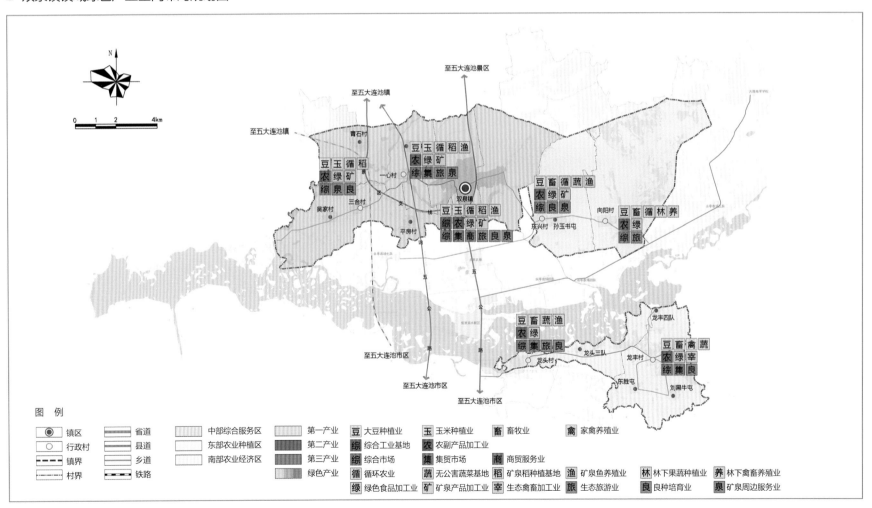

■ 双泉镇镇域矿泉产业规划图

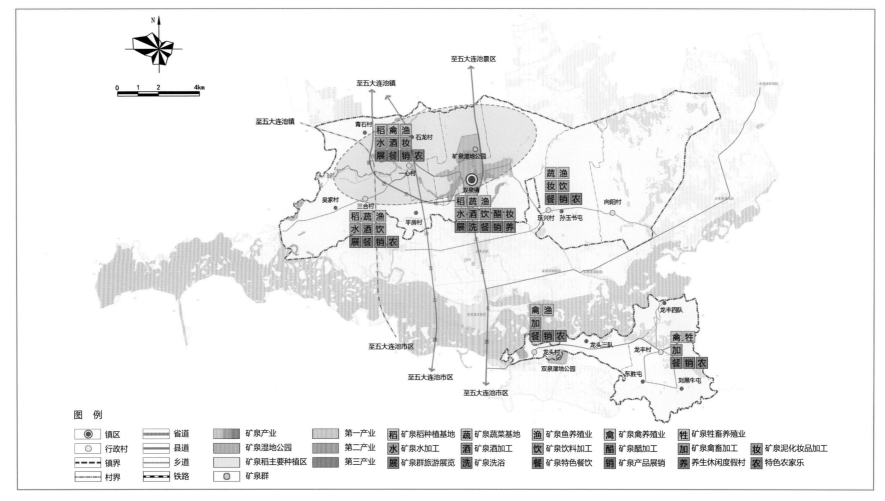

图例

图例		
◎ 镇区	省道	矿泉产业
○ 行政村	县道	矿泉湿地公园
---- 镇界	乡道	矿泉稻主要种植区
村界	铁路	◉ 矿泉群

第一产业 稻 矿泉稻种植基地 蔬 矿泉蔬菜基地 渔 矿泉鱼养殖业 禽 矿泉禽养殖业 牲 矿泉牲畜养殖业
第二产业 水 矿泉水加工 酒 矿泉酒加工 饮 矿泉饮料加工 醋 矿泉醋加工 加 矿泉禽畜加工 妆 矿泉泥化妆品加工
第三产业 展 矿泉群旅游展览 洗 矿泉洗浴 餐 矿泉特色餐饮 销 矿泉产品展销 养 养生休闲度假村 农 特色农家乐

■ 双泉镇镇域矿泉产业构建

　　双泉镇应充分挖掘矿泉产业的潜力，以矿泉特色养殖种植业及深加工企业为重点，充分发挥矿泉资源优势，引进绿色技术，改良生产工艺；同时发展以矿泉疗养、休闲度假为核心的旅游业，拓展特色产业链。

　　第一产业：规划宜充分利用现状丰富的矿泉水资源进行矿泉农业种植及养殖业，如矿泉稻种植等。引进先进技术，发展设施农业和现代化农业。

　　第二产业：规划宜大力发展矿泉水、矿泉饮料、矿泉酒、矿泉酱油、矿泉醋、矿泉泥化妆品等相关产业；规划引进先进的生产加工工艺，将当地的特色食品销往全省乃至全国，打造特色品牌。

　　第三产业：规划重点发展以矿泉疗养、休闲度假为核心的旅游业，提供住宿、餐饮、交通、游览、娱乐、购物等各种旅游接待服务，构筑以现代服务业为主的新型服务业体系，成为支撑双泉镇经济发展的主要动力，并依托矿泉水、矿泉酒等特色食品加工，举办各种规模和形式的展销会，并且发展商贸流通服务业。

• 双泉镇矿泉产业发展策略表

村镇名称	主要矿泉产业	发展策略
镇区	矿泉作物种植 矿泉产品加工销售 矿泉主题养生旅游	建立矿泉产品加工基地，结合矿泉湿地公园发展矿泉主题的养生度假村
一心村	矿泉稻种植、矿泉渔业 矿泉产品加工 矿泉产品展销	增加矿泉稻种植规模，结合矿泉渔业构建循环农业系统
三合村	矿泉稻种植 矿泉产品加工 矿泉产品展销	增加矿泉稻种植规模，建立矿泉产品加工基地
东兴村	矿泉渔业 矿泉产品加工 矿泉主题农家乐	增加矿泉渔业规模，打造矿泉主题特色农家乐，建立矿泉产品加工基地
龙头村	矿泉渔业、禽畜养殖 矿泉禽畜产品加工 特色农家乐	利用滨水优势发展矿泉渔业，结合湿地景观发展旅游业以及特色农家乐
龙丰村	矿泉禽畜养殖 矿泉禽畜产品加工 特色农家乐	利用矿泉作物发展矿泉禽畜养殖，其废弃物用于作物堆肥，形成循环产业

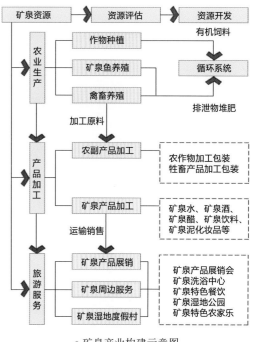

• 矿泉产业构建示意图

■ 双泉镇镇域空间布局结构规划图

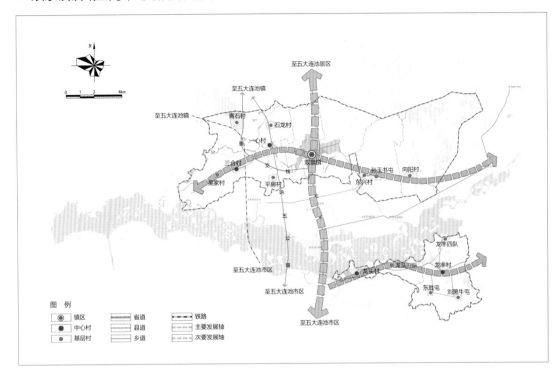

镇域空间布局规划
SPATIAL DISTRIBUTION PLANNING

　　规划形成"一带两轴一心四点"的镇域空间结构，通过带状集聚，以线带面促进双泉镇经济快速发展。

　　"一带"为镇域南北向的城镇发展带，以现有北五公路为轴带，串联五大连池市区、永丰农场、双泉镇区与五大连池风景区，作为双泉镇镇域建设和产业发展的重点。

　　"两轴"为镇域东西向，以连接各个村屯的主要道路形成的城镇发展轴，将一心村、东兴村、向阳村与镇区相连；龙头村和龙丰村与南北发展轴带相接，两条城镇发展轴线是带动双泉镇东西部经济发展的重要增长轴线。

　　"一心"即镇区，位于镇域中心位置，其经济发展与设施服务直接辐射周边4个村屯。

　　"四点"为镇域内的一心村、三合村、龙头村和龙丰村，为重点发展村屯，联合镇区，重点发展矿泉产品生产加工、旅游服务、特色农产品种植等产业，成为镇域局部经济发展的聚集地。

■ 双泉镇镇域空间布局规划图

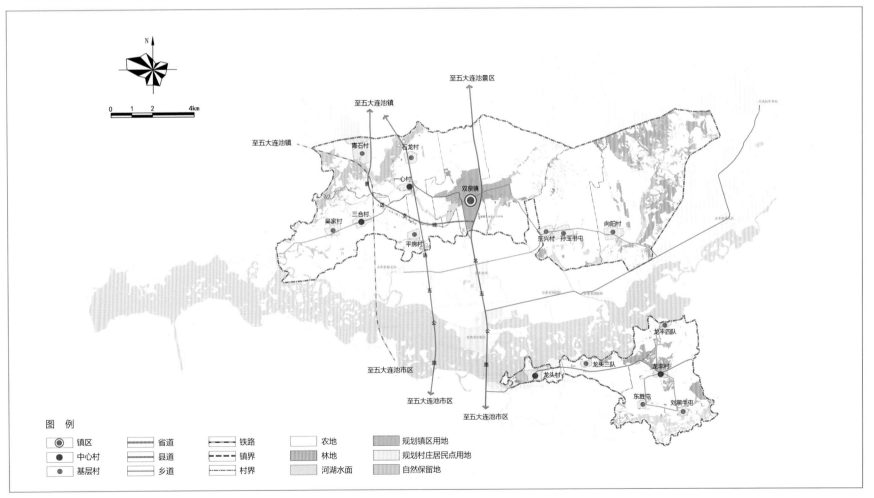

镇域空间管制规划
SPACE CONTROL PLANNING

　　根据生态环境、资源利用、公共安全等基础条件将镇域划分为镇建设空间、村庄建设空间、农业发展空间、生态敏感空间、重大基础设施防护区5个资源属性空间，在空间资源属性分区的基础上，依据镇域空间分区影响因素，从村镇发展潜力、生态保护、乡村建设出发，对整个镇域未来发展进行评价判断，划定出不同开发空间，确定不同空间属性区域用地的开发建设适宜性程度，划定禁建区、限建区、适建区。其中禁建区主要集中在镇域内的基本农田、镇域东北部的山区以及一级水源保护区；限建区主要集中在村庄周边的一般农田以及部分河流水域；适建区主要包括镇区较适宜的发展建设用地，包括并入镇区的村庄，此外，还包括各村屯已经建成的居民点及其周边适宜发展的用地。

■ 双泉镇镇域空间属性分区图

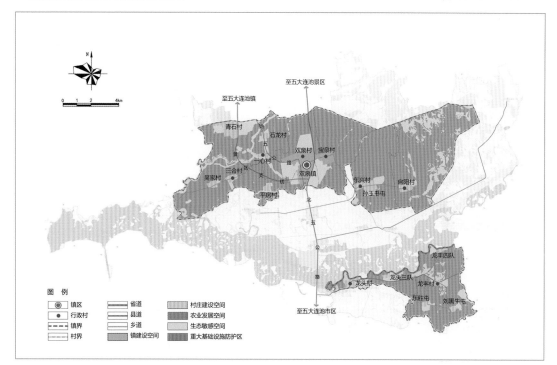

■ 双泉镇镇域空间管制规划图

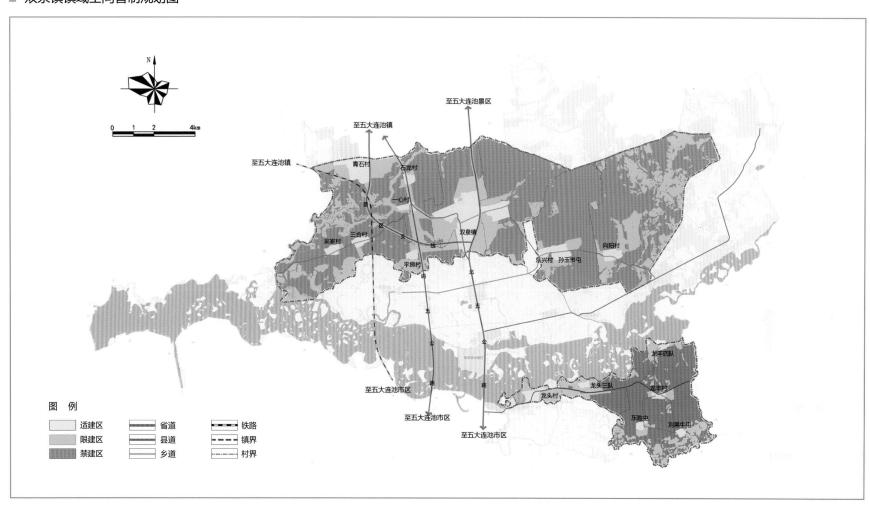

■ 双泉镇居民点规模结构规划图

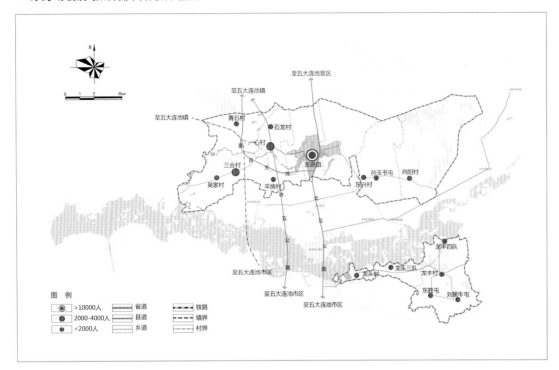

■ 双泉镇居民点等级结构规划图

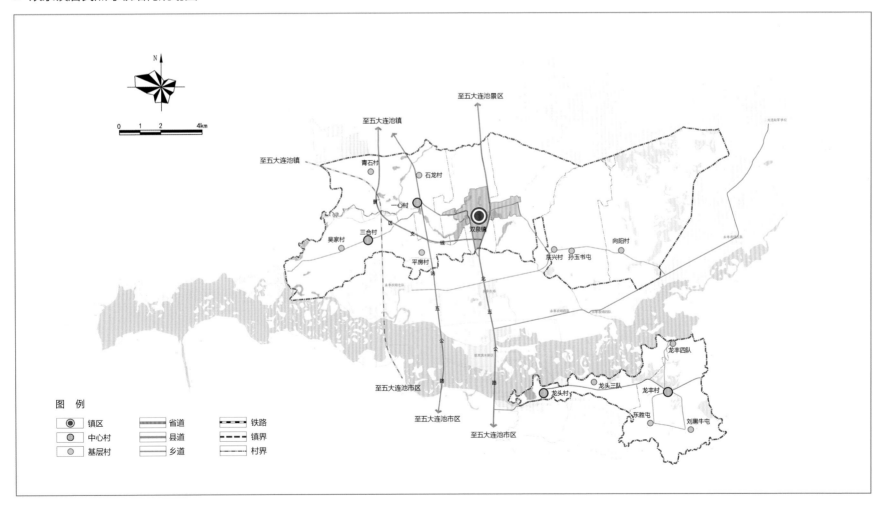

镇域居民点布局规划
RESIDENTIAL POINTS LAYOUT PLANNING

　　双泉镇现状存在部分自然屯过小现象，为实现土地集约化的利用与管理要求，保证耕地的数量，实现资源有效配置，避免资源浪费。规划对部分面积小、人口少、发展腹地狭窄、自然资源分割、不利于整体发展的村庄进行合并。规划远期部分村屯人口向镇区转移，呈现镇区人口快速增长，部分村人口零增长甚至负增长。

• 双泉镇村镇体系规划表

村镇名称	村镇等级	现状人口（人）	规划人口（人）
双泉镇镇区	镇区	5 931	17 100
一心村	中心村	2 938	3 376
三合村	中心村	2 360	2 313
龙头村	中心村	1 300	1 329
龙丰村	中心村	1 486	1 590
向阳村	基层村	1 583	1 475
东兴村	基层村	1 847	1 740

镇域环境环卫治理规划

TOWNSHIP ENVIRONMENTAL SANITATION GOVERNANCE PLANNING

■ 双泉镇镇域环境卫生治理现状图

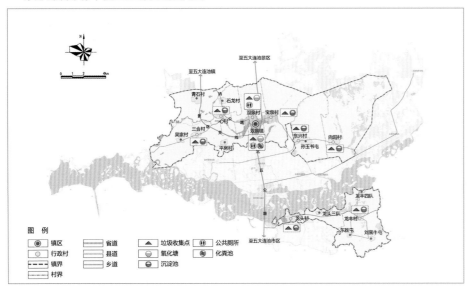

双泉镇镇域内各村屯现状采用简易填埋方式处理生活垃圾，对环境影响较大。无污水处理设施，也没有完整的排水设施，镇区及镇域内各村雨水和污水均沿道路边沟或地面径流排出，对水体影响较大。

规划在镇区设置垃圾转运站，在各村设置垃圾收集点，根据环卫需要制定镇域全覆盖的垃圾收运线路，建立完善的垃圾收集、转运体系，并统一收集，转运至五大连池市生活垃圾卫生填埋场集中处理。

污水管网建设采用雨污分流制，镇区污水送入五大连池市污水处理厂，镇域范围内中心村及各村屯结合自身条件建设人工湿地、双层沉淀池等污水处理设施。

■ 双泉镇镇域环境环卫治理规划图

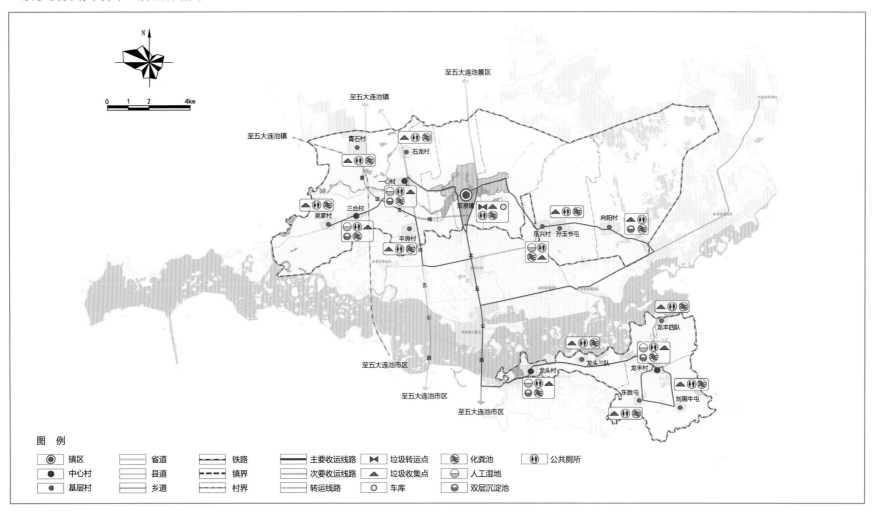

■ 双泉镇镇域供水供能现状图

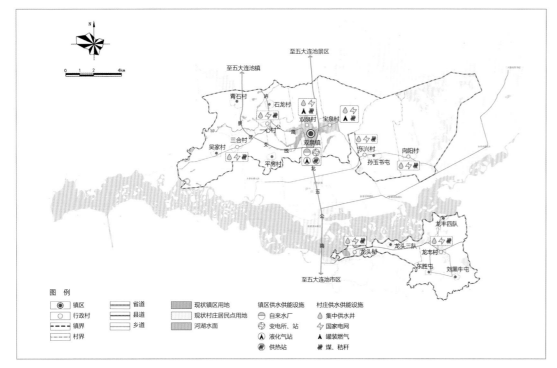

镇域供水供能规划
MUNICIPAL INFRASTRUCTURE PLANNING

　　双泉镇地表水源为石龙河和讷漠尔河，镇区水源井分布在镇内，并配有给水管网，供水普及率为40%，村屯供水情况良好。预测未来镇区人均用水量220 L/（人·d），村屯人均用水量160 L/（人·d）。镇域供水按分区集中供水方案考虑各项设施的总体布局，以便控制好用地，重点保护好水源。远期建立地下水源供水，供水普及率达100%。

　　双泉镇变电所位于双泉村和宝泉村之间，北五公路西侧。进变电所电压为35 kV，输出到各村的高压是10 kV。依据区域电力预测，保障供电安全，提高电网稳定性。影响镇区景观和商业气氛的高压电网采用地埋电缆形式，其他线路采用架空线路。此外，还应限制秸秆的直接燃烧，在条件允许的地区适当发展风力发电与太阳能设备，普及清洁能源与新能源。

■ 双泉镇镇域供水供能规划图

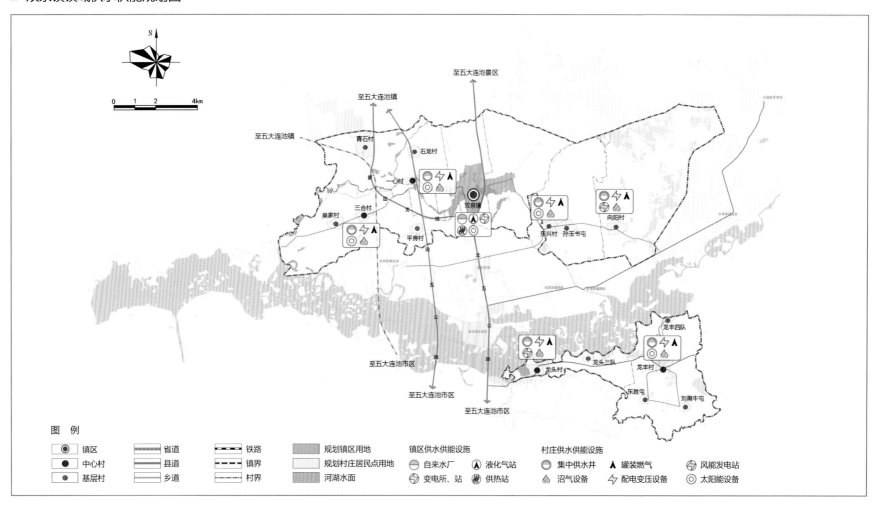

镇域防灾减灾规划

TOWNSHIP DISASTER PREVENTION AND REDUCTION PLANNING

■ 双泉镇防灾减灾设施现状图

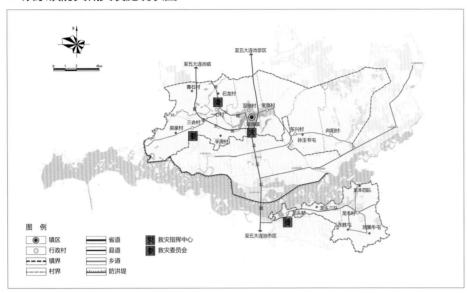

严寒地区村镇分布地域广、自然灾害频发、防灾抗灾力量薄弱，规划亟待提高村镇建筑和生命线设施的防灾能力。规划应当符合预防、处置突发事件的需要，统筹安排应对突发事件所需的设备和基础设施建设，合理确定应急避难场所。

双泉镇现状防震利用镇区内的主要街道和学校的操场等场地进行疏散，现状疏散场地规模较小，防震指挥中心建设比较薄弱，有待进行部门整合，建立综合的地震防灾减灾指挥中心。镇内防洪措施主要针对讷漠尔河汛情，北侧已修筑永丰堤坝，长约 15 km，基本可以满足北侧防护需求，但南侧地势较低处，略显不足。双泉镇现状无消防设施，人防、防疫设施薄弱，应对灾害的能力亟待提升。规划根据双泉镇自然条件与地域特征，结合防灾原则及相应规范标准，分析防震、消防、防洪、防疫的现状问题，提出体系构建的思路，并从"镇区—中心村—基层村"三个层次构建防灾设施体系，并提出应对策略。

■ 双泉镇镇域防灾减灾规划图

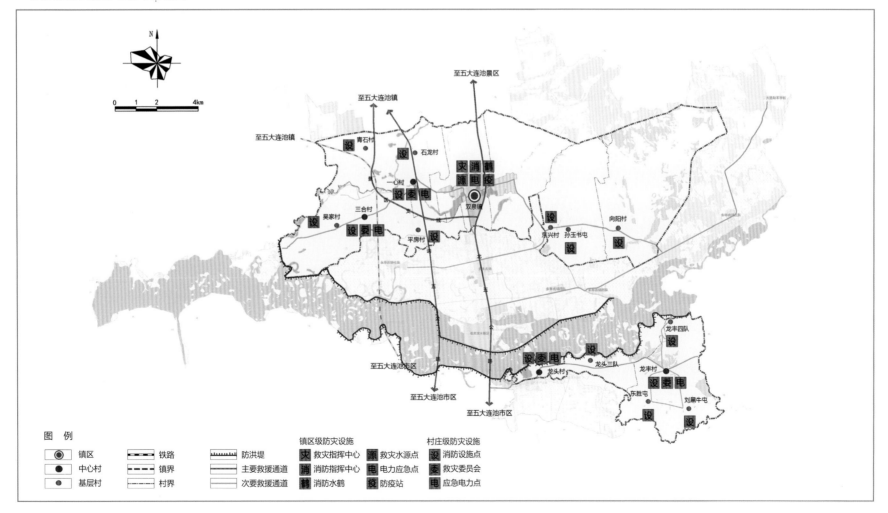

■ 防震规划

　　在镇政府办公楼设置抗震救灾指挥中心，在各村委会设置抗震救灾委员会，负责制定地震应急方案，在接到临震预报后，统一指挥人员疏散、物资转移和救灾，指挥中心与各类救护中心结合。

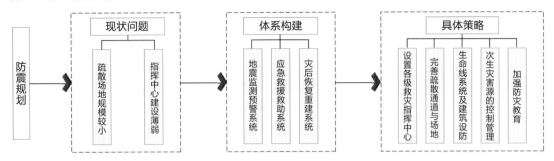

■ 消防规划

　　根据接警起5分钟内到达责任最远点及每4～7km²设一处不低于二级标准的普通消防站，在镇区南侧设1个二级普通消防站，作为全镇消防指挥中心，村屯在各自村委会设置消防安全委员会及设施点。

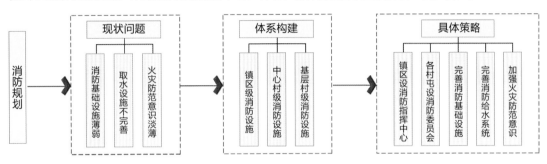

■ 防洪规划

　　加强气象和洪水预报，建立防汛、报汛网络和警报系统。规划对讷谟尔河进行河道疏通整治，加固北侧堤坝的建设，对南侧地势较低处增设堤坝，达到5年一遇的防洪标准。

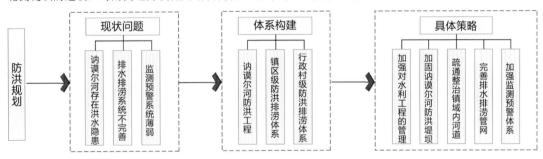

■ 防疫规划

　　加大防疫检疫经费投入，在镇区建立防疫站，完善配置基本的防疫设备。建立完善的疫情监测体系，定期对镇内防疫情况进行全面系统的检查。

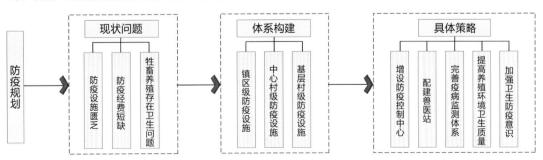

■ 双泉镇防灾减灾体系规划技术路线

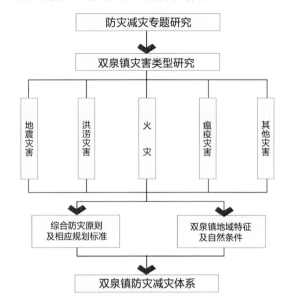

· 防灾减灾设施布点

· 主要救援线路

· 防灾减灾设施体系

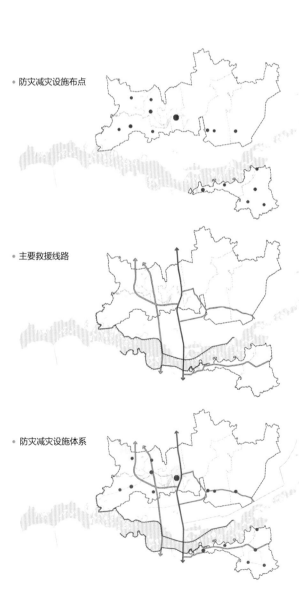

镇域公共服务设施规划

PUBLIC SERVICE FACILITIES PLANNING

　　根据双泉镇公共建筑的配置和分布，结合当地经济状况与寒地特征，优先考虑建设农民必需生活服务与社会福利设施。整合现有学校资源，对于基层村的小学，原则上不予发展，在区位及交通情况允许的情况下，适当与相邻的基层村合建小学；加大幼儿教育的网点建设，规划近期在镇区，远期在全域普及学前3年教育；在镇区设置体育场、科技站、图书馆、影剧院、文化活动中心等，在各村建设文化大院，包含青少年之家，老年人活动室、文化活动室等；在镇区结合医院设置计划生育指导站、防疫及保健站，对原有各村卫生所设施进行改善；在镇区中部建设包含粮油、蔬菜、副食品、百货等功能的商业中心1处，并考虑增设福利院1处。

■ 双泉镇镇域公共服务设施现状图

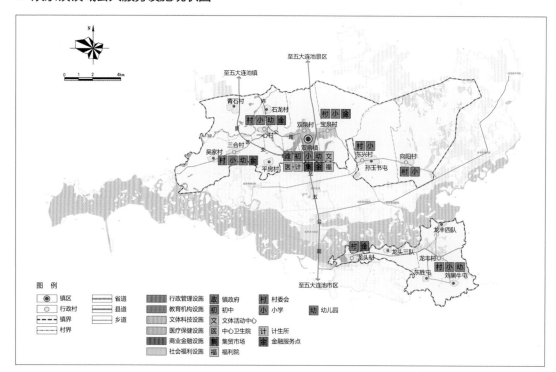

■ 双泉镇镇域公共服务设施规划图

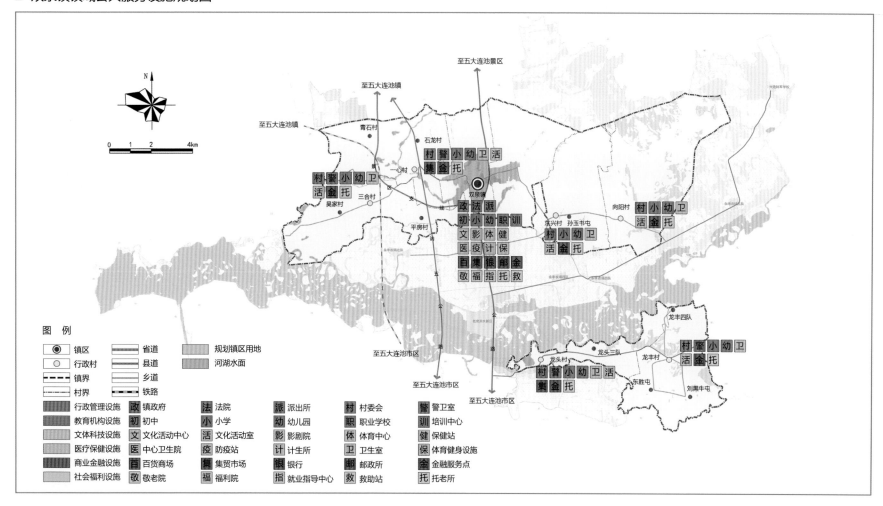

严寒地区村镇绝大多数地处农产品主产区和生态敏感区，发展建设相对落后于经济发达地区，目前仍以突出城镇化效益及非农产业效益为导向，土地扩张、生活生产不断侵扰耕地、自然保留地、生物栖息地等资源，生态环境与生境条件破坏严重。镇村体系规划环境污染防治规划主要关注大气环境质量、水环境质量、土壤环境是否符合国家现行标准，强调环境污染控制和排放污物治理，忽略了对缺少村镇特有的农林牧生产空间、自然环境空间的生态管控要求与环境控制引导，亟待引入规划管理工具予以补充与完善，以应对村镇发展的绿色诉求。

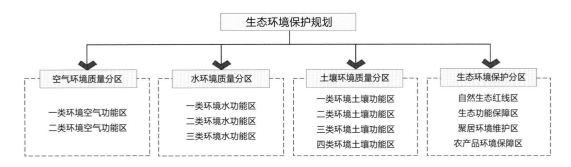

■ 双泉镇生态环境保护分区体系

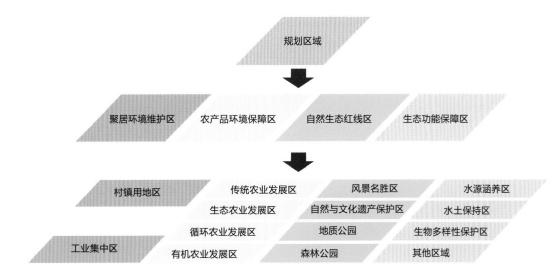

• 双泉镇生态环境保护分区原则与控制引导策略

聚居环境维护区	农产品环境保障区	自然生态红线区	生态功能保障区
土地主要用于村镇建设；严格控制村镇规模和人均建设用地；应服从村镇规划、土地利用总体规划等相关规划条例，兼顾经济发展与生态环境保护，实现有序、有偿开发土地；区内村镇建设、工业开发应遵循集约用地原则，不得浪费、低效使用土地。	区内土地以农业生产和农业设施建设为主，严格控制非农建设占用土地的情况；严禁在保护区内或附近建设污染性企业，保护区内不得从事建房、挖沙、采矿、堆放固体废弃物等破坏优质农田和农业设施的行为；保证优质农田在规划期内不得改为他用或者弃耕撂荒。	以生态环境保护为主，严禁改变用途；维持区域自然生态本底状态，维护珍稀物种的自然繁衍；区内影响生态环境的其他用地，应该调整到适宜的土地用途；严格控制该区内的一切建设活动，保障未来可持续生存发展空间的区域。	维持水源涵养、水土保持、生物多样性、洪水调蓄等生态调节功能稳定发挥，保障区域生态安全；严格控制人为因素对生态环境的破坏，禁止一切对生态环境造成污染、破坏的行为，比如向区内水体排放污染物、在区内圈放工业废弃物等。

镇域生态环境保护规划
ECOLOGICAL ENVIRONMENT PROTECTION

■ 技术路线

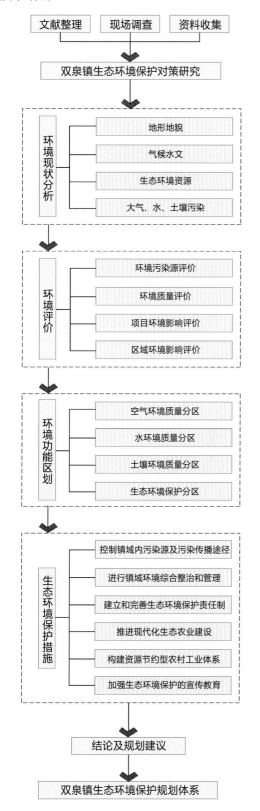

■ 双泉镇镇域生态环境保护分区规划图

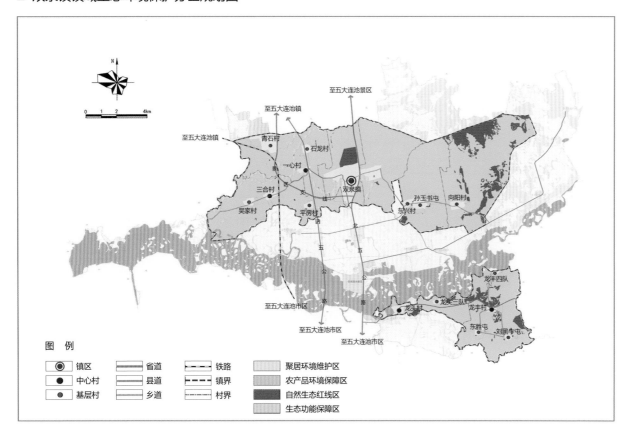

■ 双泉镇生态环境保护区划

依据镇域特殊的自然属性、生态环境特征，统筹生产、生活、生态空间布局，将镇域空间划分为自然生态红线区、生态功能保障区、农产品环境保障区、聚居环境维护区4大类生态环境保护功能区进行分类控制和引导。在发展村镇经济的同时，保障自然生态安全、国家粮食安全，维护人居环境健康。

■ 双泉镇空气环境质量分区图

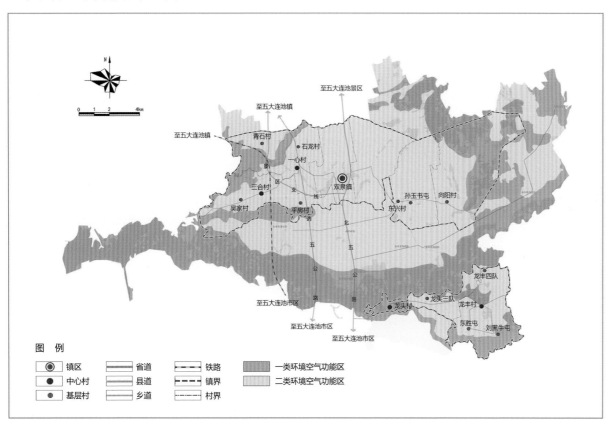

■ 大气污染防治措施

（1）提倡区域采暖、集中供热，提高液化气的气化率。减少取暖锅炉的数量及生活、生产用煤量，从而大大降低煤烟排放量，减轻燃料燃烧对大气的污染。

（2）改变燃料结构，发展清洁能源。

（3）加强镇区、村庄绿地系统的建设，提高镇区、村庄的绿化覆盖率，促进镇域环境空气质量的提升。

双泉镇水环境质量分区图

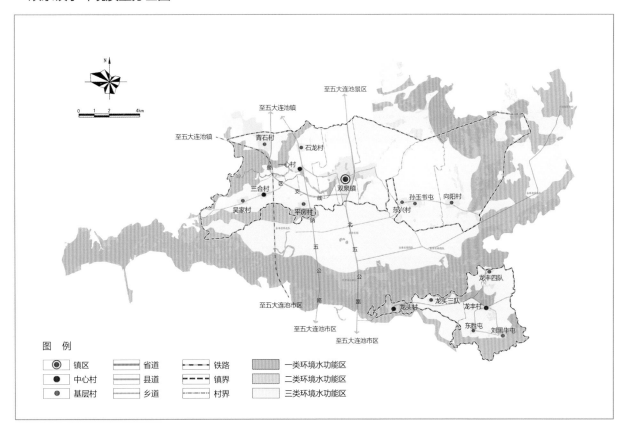

双泉镇土壤环境质量分区图

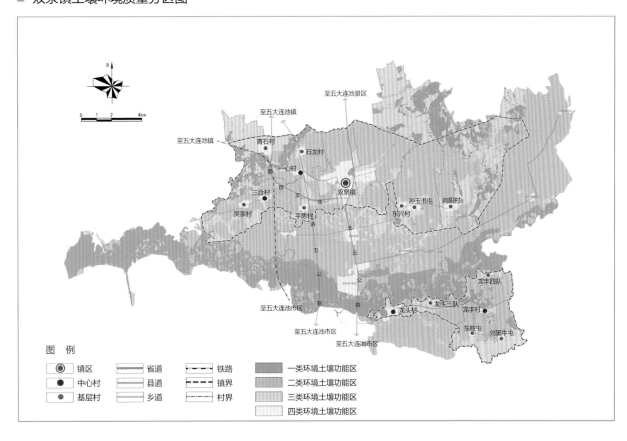

水污染防治措施

（1）加强污染源治理，提高废水的重复利用率，减少废水排放量，使废水达标排放。

（2）加强镇区污水管网的建设，集中运送至市污水处理厂进行处理。

（3）节约用水，一水多用，提高循环水的利用率，既节省水资源，又能减少废水排放量。

（4）控制残留量高、毒性大的农药的使用范围、使用量和使用次数，发展高效、低毒、低残留的农药品种，以降低农药对水体的污染。

固体废弃物污染防治措施

（1）加强对医院、卫生所的有毒有害固体废物产生源的管理，采取切实有效的措施，减少其危害的程度。

（2）建立健全的固体废弃物防治的有关条例，依法管理，对固体废物进行类别细分，回收再利用。包括农村垃圾分为有机、无机垃圾等，以利于回收利用。

（3）禁止占用农田进行开发建设或在生态敏感区进行开发建设、沙石原料采取等。

镇域历史文化和特色景观资源保护利用

HISTORICAL CULTURE AND LANDSCAPE RESOURCES PROTECTION PLANNING

■ 双泉镇镇域历史文化和特色景观资源保护规划图

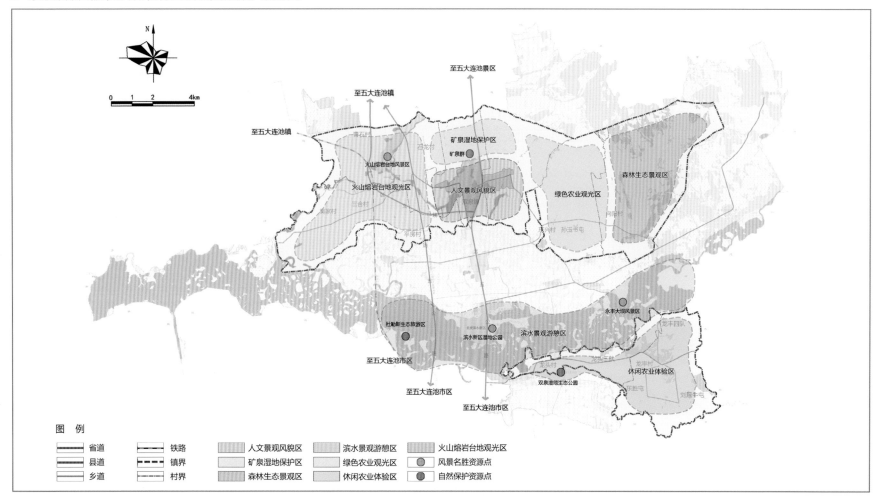

双泉镇位于五大连池市区与五大连池景区之间，地理位置优越，旅游服务功能明显。同时，双泉镇属于五大连池火山群熔岩台地绵延地区，境内有多处火山熔岩台地、矿泉群等，讷谟尔河、石龙河从镇域内横穿而过，生态环境良好，旅游资源丰富，有很大的开发潜力。因此应结合镇域自然生态特点，秉承生态可持续发展的原则，对这些资源进行全面的保护与开发，划定风景名胜区、自然保护区的范围。

规划建立详细的旅游资源保护措施，保证旅游资源的可持续发展；加强区域环境营造，创造良好的生态环境；加强双泉镇镇区的建设与管理，为旅游业的发展提供空间载体；完善旅游业管理体制，加强行业管理。并划定出人文景观风貌区、矿泉湿地保护区、绿色农业观光区、滨水景观游憩区、火山熔岩台地观光区、休闲农业体验区等特色景观分区，针对各区域自身特征与发展需要制定相应的保护利用措施。

● 特色景观分区及控制引导策略表

分区类型	分区基本情况及控制引导策略
人文景观风貌区	完善镇区建设，协调建筑风貌，保留镇区原有的历史遗存，延续历史文脉。发挥其便利的交通区位优势，在周边开发度假村、展览中心、游客中心等旅游配套设施。
矿泉湿地保护区	矿泉湿地旅游区位于镇区北部，以矿泉群为主要旅游景点，规划结合矿泉群与其周边湿地建设矿泉湿地公园，严格控制区内开发建设活动，旅游配套设施的建设要与生态景观风貌相协调。
绿色农业观光区	绿色农业观光区位于镇域东部，规划大力发展立体种植、棚室种植、循环农业。注意区内生态环境的保护以及农业景观的营造，并借此开发配套的农业观光、休闲项目。
森林生态景观区	森林生态景观区位于镇域东部，规划在保护森林资源的同时，适当发展绿色林下产业与休闲旅游业。保护区内原有生态系统，旅游配套设施的开发建设应与林区景观相协调。
滨水景观游憩区	结合滨水新区湿地公园、讷谟尔河风景区、达斡尔生态风情园、水上垂钓乐园等景点，建设滨水景观游憩区。完善区域配套设施建设，开发建设同时注重周边环境的整治，将对环境的影响降到最低。
休闲农业体验区	休闲农业体验区位于镇域南部，区内有双泉湿地保护区。规划结合农业景观与农副产品展销，大力发展休闲农业，开发农家乐项目。同时严格控制区内开发建设活动，旅游配套设施建设要与整体环境相协调。
火山熔岩台地观光区	火山熔岩台地观光区位于镇域西北部，现状多为荒地，处于未开发状态。规划完善观光区内旅游配套设施建设，如游步道、服务区等，同时结合火山泥资源开发火山泥产品展销与配套观光体验项目。

镇域现状综合分析
THE BASIC DATA AND THE CURRENT CONDITIONS

察尔森镇位于内蒙古自治区兴安盟中部，科右前旗东北部，东与扎赉特旗胡尔勒镇接壤，北临乌兰毛都大草原，南接乌兰浩特，交通便利，1条省道横穿东西，1条县道纵贯南北。全镇总面积835平方公里，全镇耕地总面积为165.33平方公里（占19.8%），林地面积为113.33平方公里（占13.6%），草牧场233.33平方公里（占27.9%），是典型半农半牧生产区；旅游资源丰富，拥有国家级森林公园1个，盟级蒙古族度假村1个，盟级爱国主义教育基地1个。察尔森镇域辖15个嘎查，56个自然屯，同时驻有察尔森水库管理局、察尔森国营林场2个外驻单位，全镇总人口21 000人（约5 130户），其中少数民族占92%。

■ 区位图

• 兴安盟在内蒙古的位置　　• 科右前旗在兴安盟的位置　　• 察尔森镇在科右前旗的位置

■ 察尔森镇人口结构图

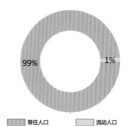

99%　1%

■ 常住人口　■ 流动人口

• 常住人口与流动人口构成图

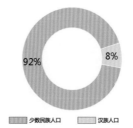

92%　8%

■ 少数民族人口　■ 汉族人口

• 汉族与少数民族人口构成图

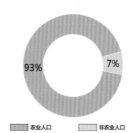

93%　7%

■ 农业人口　■ 非农业人口

• 农业与非农业人口构成图

■ 察尔森镇各嘎查现状人口、用地规模一览表

嘎查名称	人口（人）	总面积（km²）	建设用地面积（hm²）	建设用地占总面积百分比（%）
察尔森嘎查	957	27.9	53.88	1.93
巴达嘎嘎查	843	54.5	108.79	2.00
振兴嘎查	1 022	27.3	87.52	3.21
呼和朝鲁嘎查	1 560	41.2	169.61	4.12
白音嘎查	1 290	42.4	171.48	4.04
联合嘎查	1 478	57.9	198.08	3.42
沙力根嘎查	1 735	42.5	148.59	3.50
茫哈嘎查	618	37.7	119.76	3.18
好田嘎查	2 020	41.1	223.24	5.43
前进嘎查	535	11.1	63.5	5.72
金水泉嘎查	1 387	42.4	145.3	3.43
宝日嘎查	859	25.7	75.27	2.93
永兴嘎查	797	23.6	75.45	3.20
苏金嘎查	1 315	32.7	183.93	5.62
爱国嘎查	1 206	75.0	142.25	1.90

由于农业生产和畜牧舍饲需求，各嘎查现状人均建设用地面积普遍偏大，远超相关规范标准。据内蒙古自治区相关规定，新建型村庄人均建设用地指标需控制在100～130 m²，整治型村庄根据现状建设用地情况进行增减调整，但规划后人均建设用地面积不得大于190 m²/人。

■ 察尔森镇镇域综合现状图

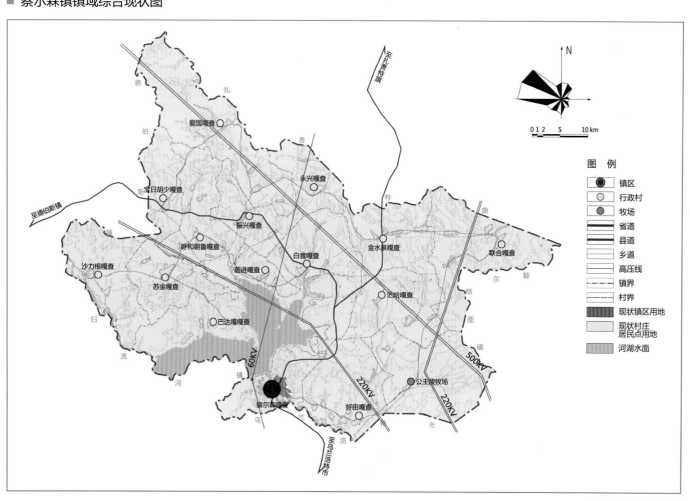

■ 察尔森镇镇区及各嘎查土地资源现状图

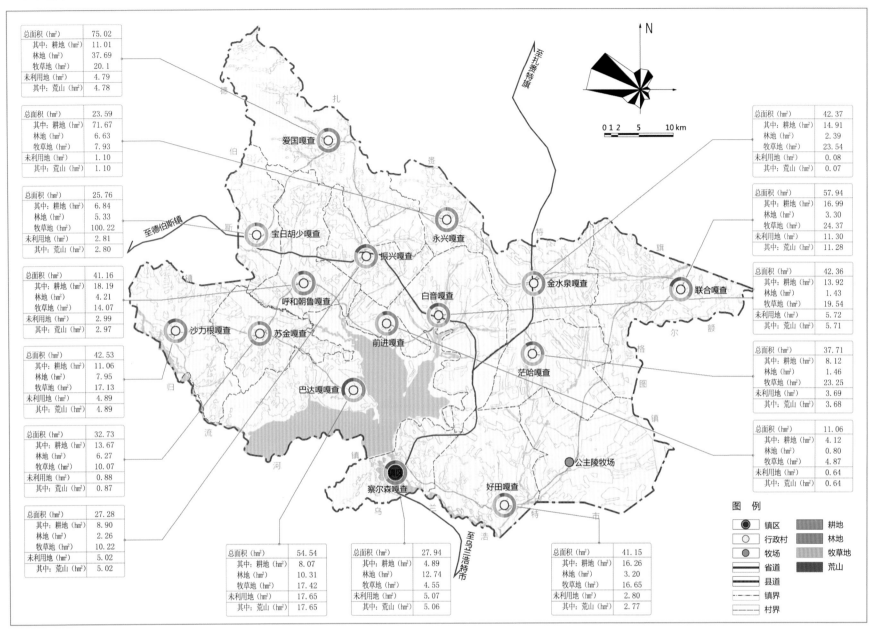

总面积（hm²）	75.02
其中: 耕地（hm²）	11.01
林地（hm²）	37.69
牧草地（hm²）	20.1
未利用地（hm²）	4.79
其中: 荒山（hm²）	4.78

总面积（hm²）	23.59
其中: 耕地（hm²）	71.67
林地（hm²）	6.63
牧草地（hm²）	7.93
未利用地（hm²）	1.10
其中: 荒山（hm²）	1.10

总面积（hm²）	25.76
其中: 耕地（hm²）	6.84
林地（hm²）	5.33
牧草地（hm²）	100.22
未利用地（hm²）	2.81
其中: 荒山（hm²）	2.80

总面积（hm²）	41.16
其中: 耕地（hm²）	18.19
林地（hm²）	4.21
牧草地（hm²）	14.07
未利用地（hm²）	2.99
其中: 荒山（hm²）	2.97

总面积（hm²）	42.53
其中: 耕地（hm²）	11.06
林地（hm²）	7.95
牧草地（hm²）	17.13
未利用地（hm²）	4.89
其中: 荒山（hm²）	4.89

总面积（hm²）	32.73
其中: 耕地（hm²）	13.67
林地（hm²）	6.27
牧草地（hm²）	10.07
未利用地（hm²）	0.88
其中: 荒山（hm²）	0.87

总面积（hm²）	27.28
其中: 耕地（hm²）	8.90
林地（hm²）	2.26
牧草地（hm²）	10.22
未利用地（hm²）	5.02
其中: 荒山（hm²）	5.02

总面积（hm²）	42.37
其中: 耕地（hm²）	14.91
林地（hm²）	2.39
牧草地（hm²）	23.54
未利用地（hm²）	0.08
其中: 荒山（hm²）	0.07

总面积（hm²）	57.94
其中: 耕地（hm²）	16.99
林地（hm²）	3.30
牧草地（hm²）	24.37
未利用地（hm²）	11.30
其中: 荒山（hm²）	11.28

总面积（hm²）	42.36
其中: 耕地（hm²）	13.92
林地（hm²）	1.43
牧草地（hm²）	19.54
未利用地（hm²）	5.72
其中: 荒山（hm²）	5.71

总面积（hm²）	37.71
其中: 耕地（hm²）	8.12
林地（hm²）	1.46
牧草地（hm²）	23.25
未利用地（hm²）	3.69
其中: 荒山（hm²）	3.68

总面积（hm²）	11.06
其中: 耕地（hm²）	4.12
林地（hm²）	0.80
牧草地（hm²）	4.87
未利用地（hm²）	0.64
其中: 荒山（hm²）	0.64

总面积（hm²）	54.54
其中: 耕地（hm²）	8.07
林地（hm²）	10.31
牧草地（hm²）	17.42
未利用地（hm²）	17.65
其中: 荒山（hm²）	17.65

总面积（hm²）	27.94
其中: 耕地（hm²）	4.89
林地（hm²）	12.74
牧草地（hm²）	4.55
未利用地（hm²）	5.07
其中: 荒山（hm²）	5.06

总面积（hm²）	41.15
其中: 耕地（hm²）	16.26
林地（hm²）	3.20
牧草地（hm²）	16.65
未利用地（hm²）	2.80
其中: 荒山（hm²）	2.77

图例

- 镇区
- 行政村
- 牧场
- 省道
- 县道
- 镇界
- 村界
- 耕地
- 林地
- 牧草地
- 荒山

■ 2014年察尔森镇各嘎查农牧民人均年收入柱状图

单位：元

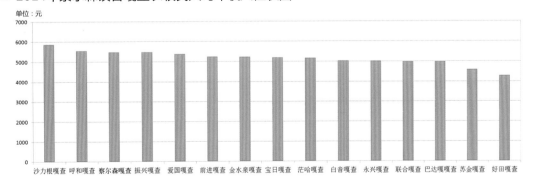

2014 年，察尔森镇财政补助收入达到 1 329 万元，完成税收 534 万元；粮食总产达 2.1 亿斤，比上年增长 12%；农牧民人均年收入为 5 179 元，比上年增长 10%。

■ 察尔森镇各嘎查农牧收入比例一览表

嘎查名称	生产总值（万元/年）	农业产值（万元/年）	农业产值占比（%）	牧业产值（万元/年）	牧业产值占比（%）
察尔森嘎查	665.18	549.31	82.58%	30.87	4.64%
巴达嘎嘎查	909.27	847.19	93.17%	62.09	6.83%
振兴嘎查	1 522.24	1 366.56	89.77%	155.68	10.23%
呼和嘎查	1 236.00	1 129.35	91.37%	91.64	7.41%
白音嘎查	1 505.80	1 204.95	80.02%	300.85	19.98%
联合嘎查	1 480.02	1 132.41	76.51%	283.61	19.16%
沙力根嘎查	547.62	428.30	78.21%	119.32	21.79%
茫哈嘎查	1 741.18	1 307.88	75.11%	386.00	22.17%
好田嘎查	409.10	371.10	90.71%	26.00	6.36%
前进嘎查	1 229.94	938.77	76.33%	291.17	23.67%
金水泉嘎查	736.90	700.64	95.08%	38.96	5.29%
宝日嘎查	645.40	495.32	76.75%	129.08	20.00%
永兴嘎查	749.96	624.05	83.21%	72.31	9.64%
苏金嘎查	1 128.90	979.44	86.76%	101.10	8.96%
爱国嘎查	1 277.23	1 008.72	78.98%	187.34	14.67%

镇域绿色产业规划
TOWNSHIP GREEN INDUSTRY LAYOUT PLANNING

■ 察尔森镇镇域产业分布现状图

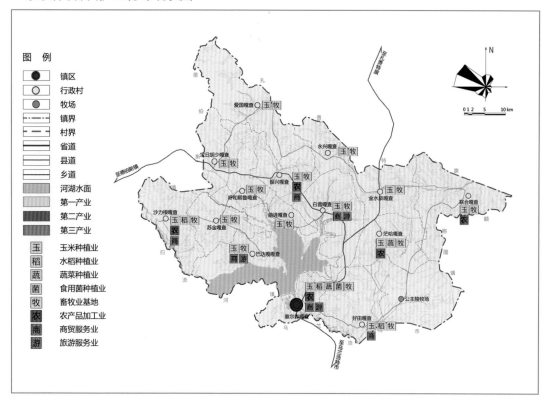

察尔森镇现状产业发展以农业、牧业为支撑，种植业主要为玉米、水稻，畜牧业主要为牛羊养殖。工业及商贸服务业相对缓慢，旅游业有一定发展，产业体系尚不完善。

• 察尔森镇现状产业类型一览表

嘎查名称	第一产业		第二产业	第三产业
	种植业	畜牧业		
察尔森嘎查	玉米、水稻、蔬菜、食用菌	羊、牛、猪、鱼	农机	旅游
好田嘎查	玉米、水稻	羊、牛、猪、鸡	—	—
前进嘎查	玉米	羊、鹅	—	—
金水泉嘎查	玉米、大豆	羊、牛、鸡	—	—
宝日嘎查	玉米	—	—	—
永兴嘎查	玉米	—	—	—
苏金嘎查	玉米	牛	—	—
爱国嘎查	玉米	—	—	—
巴达嘎嘎查	玉米	—	—	旅游
振兴嘎查	玉米、蔬菜	羊、牛	农机	—
呼和嘎查	玉米	—	—	—
白音嘎查	玉米、蔬菜	牛、猪、鸡	—	旅游
联合嘎查	玉米	羊、猪、鸡	—	—
沙力根嘎查	玉米、水稻、绿豆	羊、牛、鱼	—	—
茫哈嘎查	玉米、蔬菜、葵花、土豆、万寿菊	羊、牛、鹅、狐	—	—

■ 察尔森镇镇域绿色产业区划图

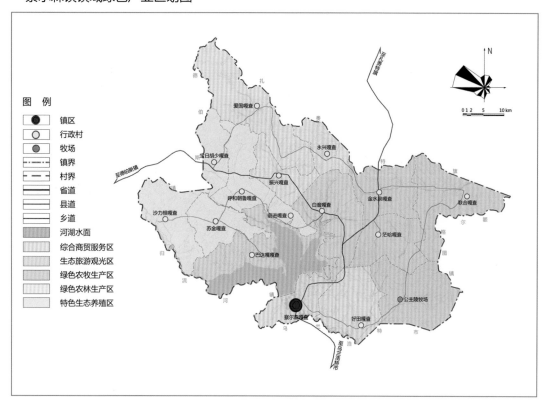

依据察尔森镇镇域资源及经济现状，筛选绿色产业项目并进行产业空间区划，最终形成绿色农林生产区、绿色农牧生产区、特色生态养殖区、生态旅游观光区及综合商贸服务区5个特色产业片区。

（1）绿色农林生产区位于镇域西北部，依托现有林地和耕地资源，开展优质农林产品的绿色生产与技术研发；在不影响森林生态保育功能的前提下，适当进行药材、果蔬、菌类等林下产品种植；延续传统优势基础，广泛种植玉米等农作物，并逐步增加有机、绿色玉米的生产面积。
（2）绿色农牧生产区位于镇域东部，依托原生态农牧场地，以绿色农作物和牧草种植为主，延长与拓展绿色农牧产业链条，提高产品附加值。（3）特色生态养殖区位于镇域西部，依托既有资源条件和养殖技术，开展狐狸、貂、鹿等特色养殖业，构建复合生态养殖链。（4）生态旅游观光区位于镇域中部，以察尔森水库的水域风光为核心，结合周边的国家级森林公园、蒙古族度假村、爱国主义教育基地等景观资源，形成立足兴安盟、面向全中国的特色生态旅游观光区。（5）综合商贸服务区位于镇域南部，依托现状镇区的建设基础，重点完善服务于农业生产、畜牧养殖、旅游、商贸物流的配套设施，构建功能齐全、生态宜居的片区服务中心。

■ 察尔森镇镇域绿色产业空间布局规划图

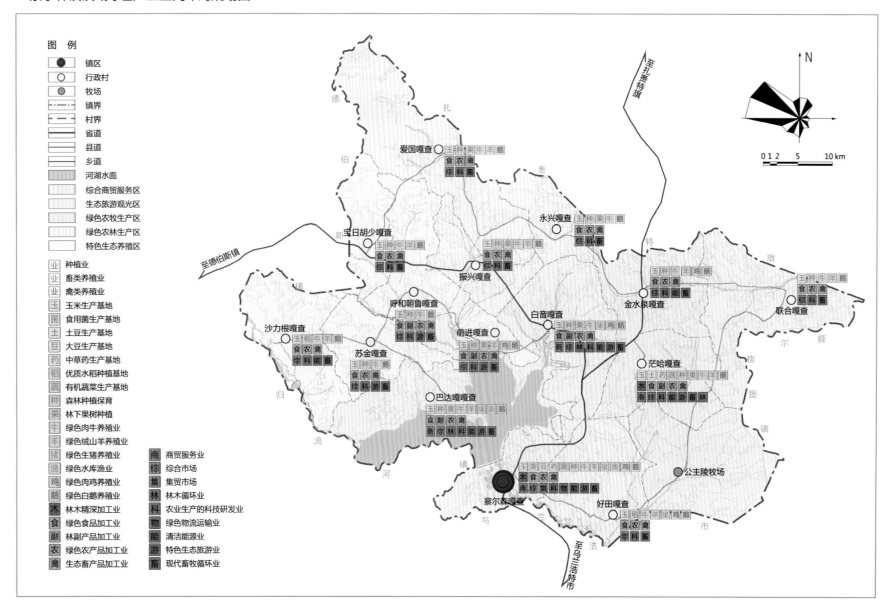

• 察尔森镇各嘎查规划产业项目及职能类型一览表

产业分区	嘎查名称	主导产业	重点发展绿色产业项目	职能类型
综合商贸服务区	镇区	商贸服务业	绿色物流运输业、特色生态旅游业	综合型
	好田嘎查	商贸服务业	农业生产科技研发业	农牧加工型
现代农牧生产区	金水泉嘎查	玉米种植业、绿色肉牛养殖业	现代畜牧循环业	农牧生产型
	联合嘎查	玉米种植业、绿色肉牛养殖业	现代畜牧循环业	农牧生产型
	茫哈嘎查	玉米种植业、绿色肉牛养殖业	现代畜牧循环业、林木循环业	农牧生产型
绿色农林生产区	永兴嘎查	玉米种植业、林下果树种植业	现代畜牧循环业、绿色农产品加工业	农牧生产型
	爱国嘎查	玉米种植业、林下果树种植业	现代畜牧循环业、绿色农产品加工业	农牧生产型
	振兴嘎查	玉米种植业、林下果树种植业	现代畜牧循环业、绿色农产品加工业	农牧加工型
特色生态养殖区	呼和朝鲁嘎查	绿色肉牛养殖业、绿色绒山羊养殖业	现代畜牧循环业、生态畜产品加工业	农牧生产型
	沙力根嘎查	绿色肉牛养殖业、绿色绒山羊养殖业	现代畜牧循环业、生态畜产品加工业	农牧生产型
	前进嘎查	绿色肉牛养殖业、绿色绒山羊养殖业	现代畜牧循环业、生态畜产品加工业	农牧生产型
	宝日嘎查	绿色肉牛养殖业、绿色绒山羊养殖业	现代畜牧循环业、生态畜产品加工业	农牧生产型
	苏金嘎查	绿色肉牛养殖业	现代畜牧循环业、生态畜产品加工业	农牧生产型
特色生态旅游观光区	白音嘎查	商贸服务业、特色生态旅游业	特色生态旅游业	旅游型
	巴达嘎查	商贸服务业、特色生态旅游业	特色生态旅游业	旅游型

察尔森镇镇域产业空间布局规划要以绿色农业与生态畜牧业协调发展为总指导，针对不同绿色等级的产业类型进行专项控制与引导。综合公共服务设施、基础设施建设等外部环境，统筹产业发展与生态建设之间的关系，引导农业资源、农业服务向更为高效的方向流动，构建绿色农业、生态牧业、生态旅游业及现代服务业相匹配的绿色产业体系。

■ 察尔森镇职能结构规划图

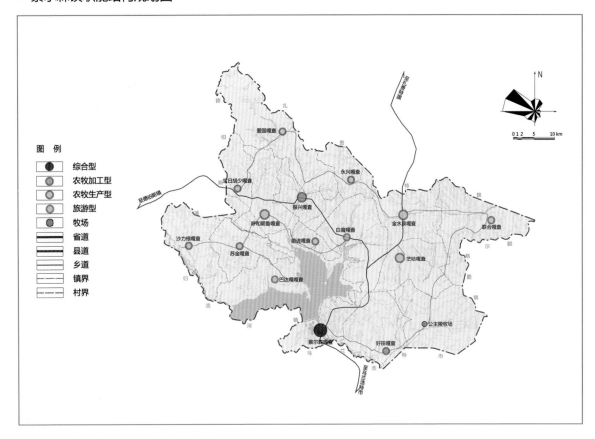

■ 察尔森镇镇域农牧产品储运规划图

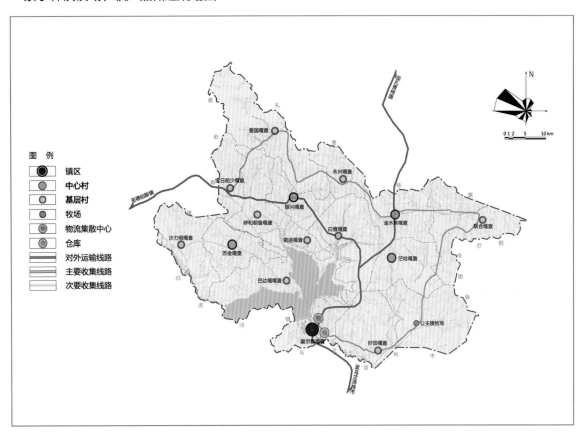

■ 察尔森镇产业链构建

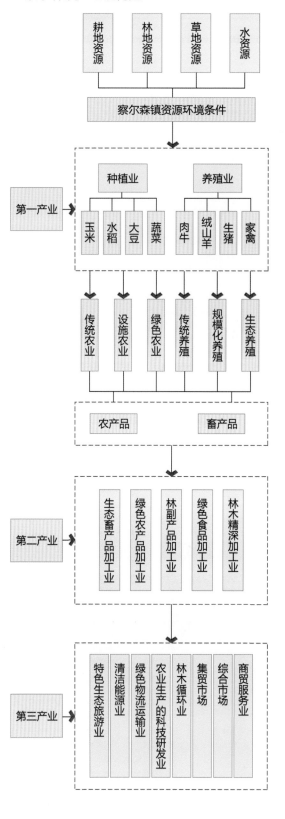

■ 察尔森镇镇域农牧业服务支撑体系示意图

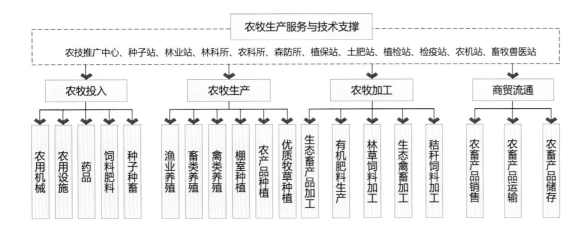

察尔森镇农牧业循环体系的构建充分利用人类、动物、植物和微生物之间相互关系，立足农业生产和畜牧养殖的特征需求，通过对废弃物的减量化、再利用、再循环，延长产业链条，最大限度地回收利用各种生物质能源，减少环境污染，提高资源的利用效率，实现人口、资源、环境的和谐发展，兼顾社会效益、经济效益和生态效益三者的统一。

■ 察尔森镇镇域农牧业发展支撑体系规划图

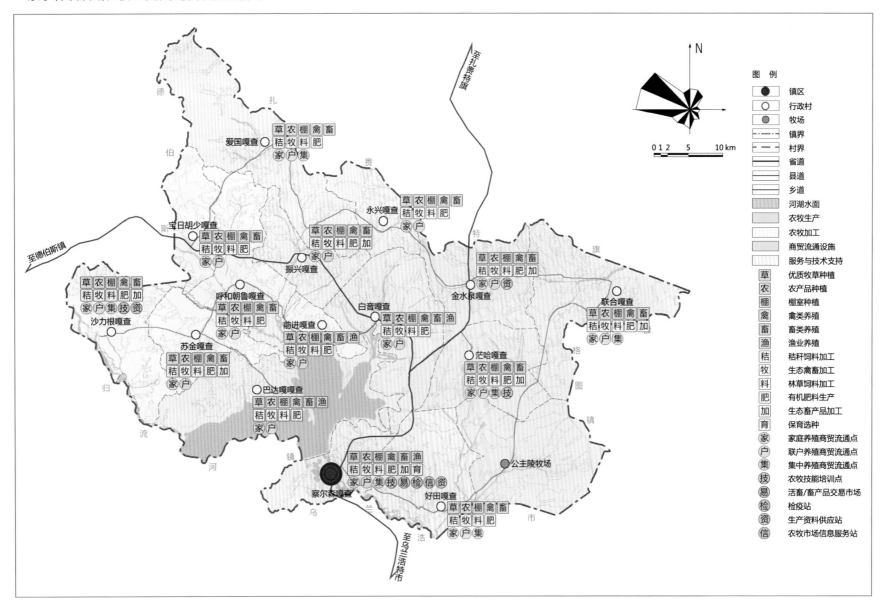

镇域空间布局规划
TOWNSHIP SPATIAL DISTRIBUTION PLANNING

　　察尔森镇是典型半牧半农型乡镇，镇域空间布局规划需要综合考虑气候条件、水文条件、地形状况、土壤肥力等自然条件，农牧生产与生态保障的需求，提出各类用地及空间资源的开发利用、设施建设和生态保育措施。

■ 察尔森镇镇域空间利用引导一览表

用地类型	建设用地	草地	农地	水域
开发利用	镇区建设用地； 农村居民点建设用地	畜牧业； 养殖基地； 草原观光业等	农作物种植业； 采摘农业； 生态农业等	水产品养殖业； 滨水旅游业； 农业灌溉； 水力发电等
设施建设	公共服务设施； 基础设施等	牧区管理设施； 旅游服务设施等	棚室种植等农业设施； 节水灌溉设施等	养殖设施； 取水设施； 灌溉设施； 旅游服务设施等
生态保育	村镇绿化系统构建	严格保护禁牧草地	严格保护基本农田	严格保护水体水系

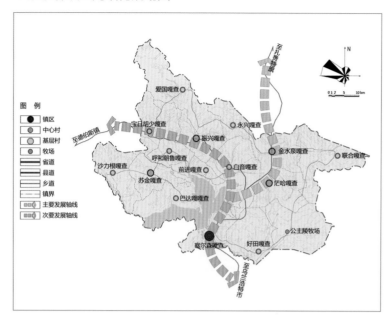

■ 察尔森镇空间结构规划图

■ 察尔森镇镇域空间布局规划图

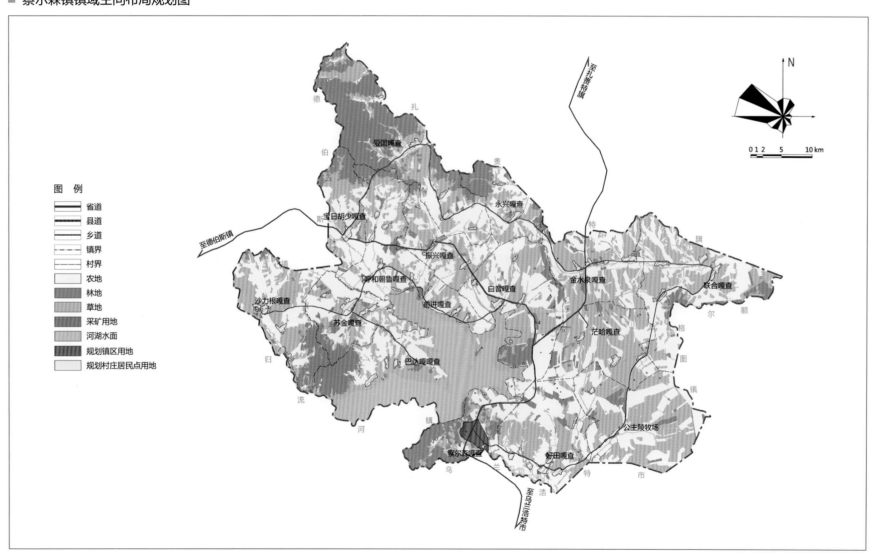

■ 察尔森镇规模结构规划图

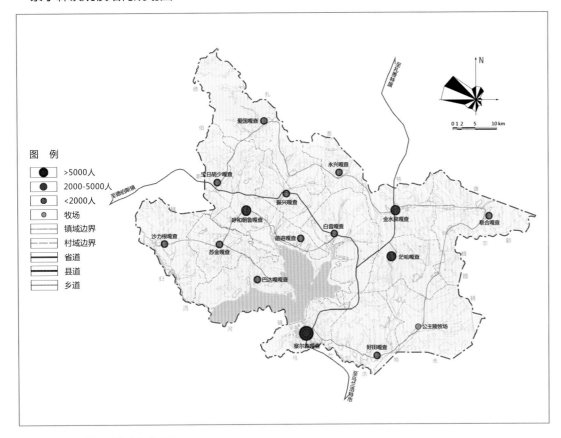

■ 察尔森镇等级结构规划图

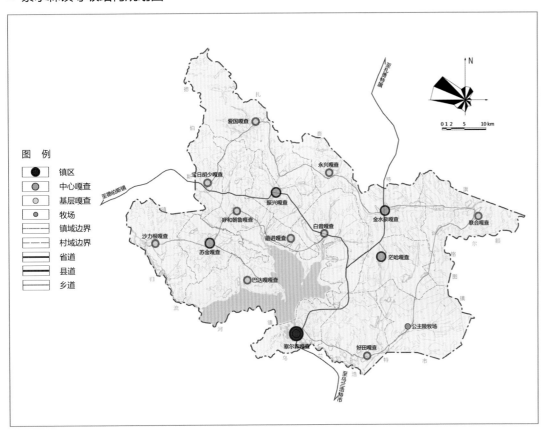

镇域居民点布局规划
TOWNSHIP RESIDENTIAL POINTS LAYOUT PLANNING

根据现状居民点的分布、规模、产业、职能等特征，确定各居民点集中建设和协调发展的总体方案，构建"镇区－中心村－基层村"三级镇村居民点空间结构体系。其中，中心村包括金水泉嘎查、爱国嘎查、呼和朝鲁嘎查及茫哈嘎查，基层村包括好田嘎查、巴达嘎嘎查、振兴嘎查、前进嘎查、苏金嘎查等。重点完善中心村的基础设施和社会服务设施，满足自身及周边基层村的服务需求。并依据察尔森镇半农半牧、地广人少的地域特征，结合自治区住房和建设主管部门的相关规定，合理预测镇区、各嘎查的人口规模和建设用地规模。

■ 察尔森镇镇村体系等级规模规划一览表

村庄名称	村庄等级	村镇人口（人）	
		现状人口	规划人口
镇区（含察尔森嘎查）		5 700	20 400
好田嘎查	基层村	843	1 000
前进嘎查	基层村	1 022	1 000
金水泉嘎查	中心村	1 560	2 000
宝日嘎查	基层村	1 290	1 500
永兴嘎查	基层村	1 478	1 000
苏金嘎查	基层村	1 735	1 600
爱国嘎查	中心村	618	1 500
巴达嘎查	基层村	2 020	1 800
振兴嘎查	基层村	535	500
呼和朝鲁嘎查	中心村	1 387	2 500
白音嘎查	基层村	859	500
联合嘎查	基层村	797	500
沙力根嘎查	基层村	1 315	1 200
茫哈嘎查	中心村	1 206	2 500

■ 半农半牧区居民点布局规划原则

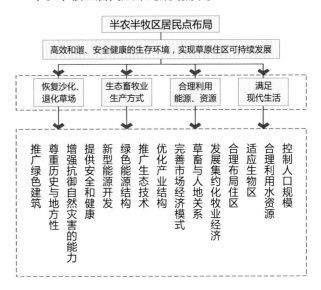

镇域空间管制规划
TOWNSHIP SPACE CONTROL PLANNING

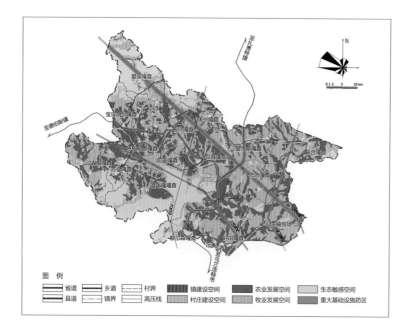

察尔森镇耕地总面积为 165.33 平方公里（占总面积 19.8%），林地面积为 113.33 平方公里（占总面积 13.6%），草牧场 233.33 平方公里（占总面积 27.9%），承载农牧生产与生态服务功能的空间范围占全域面积 80% 以上，其空间管制应根据现有生态环境、资源利用、公共安全、历史文化保护等基础条件进行生态属性空间分区，以因地制宜、管制弹性、规划协调、生态保护与空间资源可持续发展为原则，从自然、社会经济、人文及生态环境 4 个方面选取影响因子，对察尔森镇空间资源进行综合评价，将其划分为镇区建设、村庄建设区、牧草生产区、生态敏感区、农业生产区及重大基础设施保护区 5 个空间属性分区。同时建立空间属性与空间开发的逻辑分析框架，划定禁建、限建区和适建区的空间管制范围，提出各种分区空间资源有效利用的限制和引导措施。

■ 察尔森镇空间管制技术路线

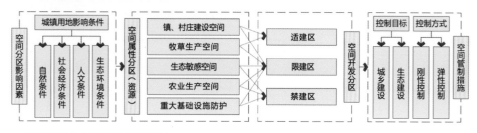

■ 察尔森镇空间管制规划图

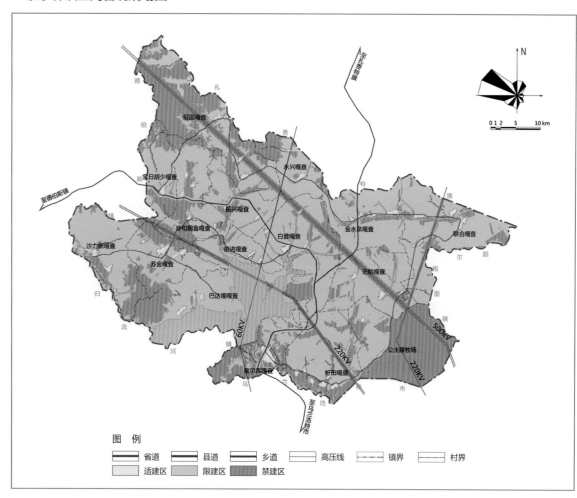

■ 察尔森镇镇域空间属性划分范围表

分区名称	主要划分范围与建设控制引导
镇区建设区	镇总体规划中确定的镇区建设用地范围，含镇区重点建设区及镇区允许建设区。
村庄建设区	镇域村庄布局中确定的村庄建设用地范围，主要包括居住建筑用地、公共建筑用地、道路广场用地、绿化用地等。
牧草生产区	主要为镇域内天然牧草地及人工牧草地，土地利用尽量不降低地表植被覆盖度，并严禁放牧。
农业生产区	包括基本农田保护区和一般农田保护区，主要为镇域的农业生产基地。
生态敏感区	在镇域乃至更大范围内对人类生产、生活具有特殊敏感性或潜在自然灾害影响，极易受人为不当开发活动影响而产生生态负面效应的地区，包括镇域内重要的森林、河流水系、水源保护区、生态保护核心区等决定整个镇域甚至地区生态环境质量的区域。
重大基础设施防护区	主要为面状基础设施防护区和基础设施廊道，其具体种类包括污水处理厂、垃圾处理场、微波发射塔、高压输电线路、石油天然气管道、大型输水管道、高速公路等。

■ 察尔森镇镇域绿色交通规划图

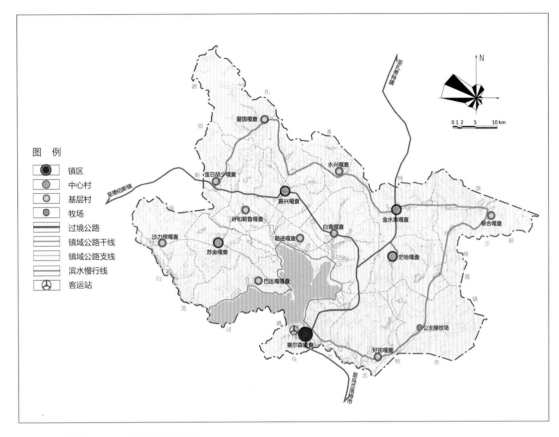

图例
- 镇区
- 中心村
- 基层村
- 牧场
- 过境公路
- 镇域公路干线
- 镇域公路支线
- 滨水慢行线
- 客运站

■ 察尔森镇农村公交路线规划图

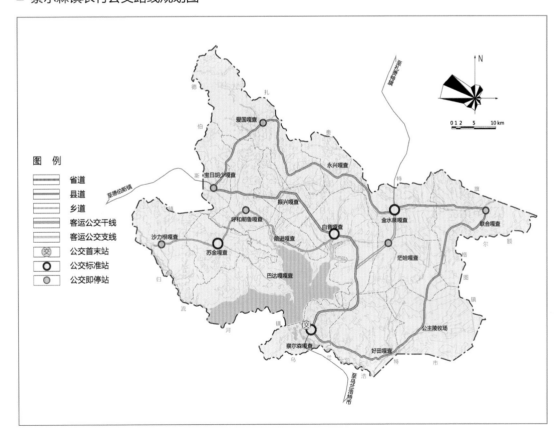

图例
- 省道
- 县道
- 乡道
- 客运公交干线
- 客运公交支线
- 公交首末站
- 公交标准站
- 公交即停站

镇域绿色交通规划
GREEN TRANSPORTATION SYSTEM PLANNING

　　察尔森镇现状对外交通联系主要依靠一条省道和一条县道，镇域内部交通联系主要依靠若干条通村道路。受自然环境及经济条件等方面的影响，尚未形成完善的道路交通网络，尤其通村公路建设滞后，数量较少且多为土路，各嘎查、牧场间联系较为松散，通达性较差。

● 各嘎查交通现状一览表

嘎查名称	嘎查通达情况	对外交通便利程度	道路硬化情况
察尔森嘎查	通达	便利	主路硬化
巴达嘎嘎查	通达	一般	部分硬化
振兴嘎查	通达	便利	部分硬化
呼和嘎查	通达	便利	部分硬化
白音嘎查	通达	便利	部分硬化
联合嘎查	部分通达	不便利	部分硬化
沙力根嘎查	部分通达	不便利	部分硬化
茫哈嘎查	通达	便利	全部硬化
好田嘎查	通达	便利	全部硬化
前进嘎查	部分通达	一般	部分硬化
金水泉嘎查	通达	便利	部分硬化
宝日嘎查	通达	便利	部分硬化
永兴嘎查	未通达	不便利	未硬化
苏金嘎查	部分通达	便利	部分硬化
爱国嘎查	部分通达	一般	部分硬化

● 察尔森镇公路技术等级表

	省道	县道	环线公路	其他村镇公路
规划公路作用	对外交通	对外交通	镇内重点村屯互通	各村屯间互通
公路连通重要节点	乌兰浩特市 德伯斯镇 镇区 振兴嘎查 白音嘎查 宝日嘎查	乌兰浩特市 扎赉特旗 镇区 金水泉嘎查	镇区 振兴嘎查 白音嘎查 联合嘎查 好田嘎查 金水泉嘎查 宝日嘎查 永兴嘎查 爱国嘎查	巴达嘎嘎查 呼和嘎查 沙力根嘎查 茫哈嘎查 前进嘎查 苏金嘎查
规划公路等级	二级公路	二级公路	三级及以下公路	三级及以下公路

　　综合考虑镇域内农地、林地、草地等资源分布特点，半农半牧的生产作业方式，以及农牧民生活的出行特征等因素，遵循集约、高效、生态的基本原则，以原有省道和县道为交通骨架，完善镇域内通村公路的基础建设与技术等级，并沿水库规划滨水慢行路。在此基础上构建服务于镇域居民点的农村公交系统及农牧产品绿色储运系统，合理选址并设置相关交通设施。

镇域供水供能规划
TOWNSHIP MUNICIPAL INFRASTRUCTURE PLANNING

　　察尔森镇镇域范围内有若干水系及大型水库，水资源丰富；农牧业发展较好，拥有大量的农作物秸秆、牲畜粪便等，生物质能源基础材料丰富；此外，还具有丰富的风力和太阳能资源。依托镇域各类资源分布的现状特征,确定供水方式和水源(包括水源地和水厂)、供能方式和主要能源类型，在尽量不影响生态环境的基础上，综合开发利用各种资源，构建绿色、生态、低碳、节约的镇域供水供能系统。

■ 察尔森镇供水供能系统规划技术路线

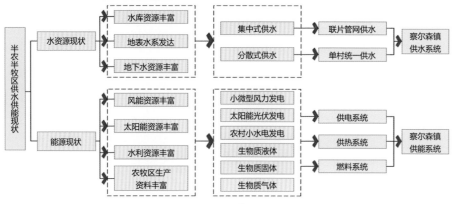

■ 察尔森镇供水供能规划图

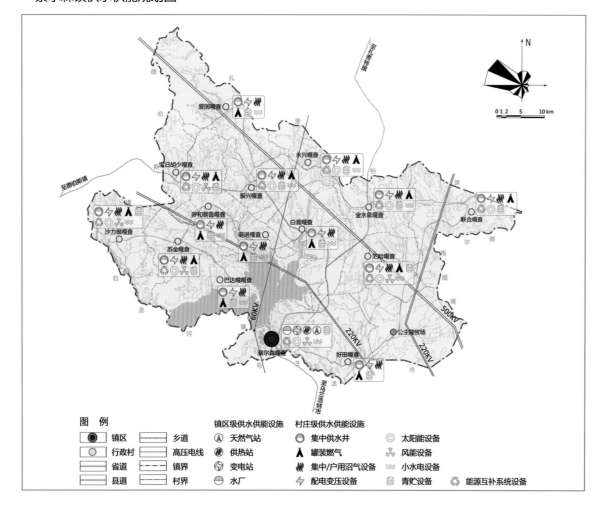

■ 察尔森镇镇域供水供能现状图

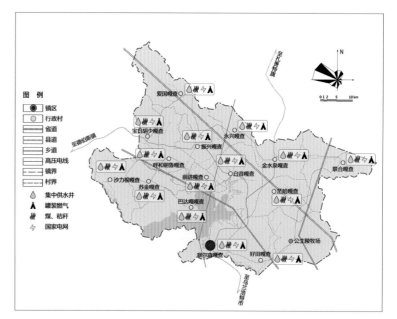

　　目前，察尔森镇镇域内已实现供电设施的全覆盖，供水主要依靠集中供水井，水质基本达标，供热及燃气主要依靠罐装燃气、煤和秸秆。

• 察尔森镇镇域供水供能一览表

名称	供水		供能		
	供水方式	水质标准	供电	供热	燃气
镇区	联片集网	水质达标	国家电网	煤	液化石油气
巴达嘎嘎查	单村自建水井	水质达标	国家电网	综合供热	人工煤气
振兴嘎查	单村自建水井	水质达标	小型风电	综合供热	沼气、人工煤气
呼和嘎查	单村自建水井	水质达标	国家电网	综合供热	沼气、人工煤气
白音嘎查	单村自建水井	水质达标	国家电网	综合供热	沼气、人工煤气
联合嘎查	单村自建水井	水质达标	国家电网	综合供热	人工煤气
沙力根嘎查	单村自建水井	水质达标	小型风电	综合供热	沼气、人工煤气
茫哈嘎查	单村自建水井	水质达标	小型风电	综合供热	沼气、人工煤气
好田嘎查	单村自建水井	水质达标	国家电网	综合供热	人工煤气
前进嘎查	单村自建水井	水质达标	国家电网	综合供热	人工煤气
金水泉嘎查	单村自建水井	水质达标	国家电网	综合供热	沼气、人工煤气
宝日嘎查	单村自建水井	水质达标	国家电网	综合供热	人工煤气
永兴嘎查	单村自建水井	水质达标	国家电网	综合供热	人工煤气
苏金嘎查	单村自建水井	水质达标	国家电网	综合供热	人工煤气
爱国嘎查	单村自建水井	水质达标	国家电网	综合供热	人工煤气

注：综合供热指薪柴、秸秆、煤、电、风能及太阳能等综合利用

察尔森镇镇域公共服务设施现状图

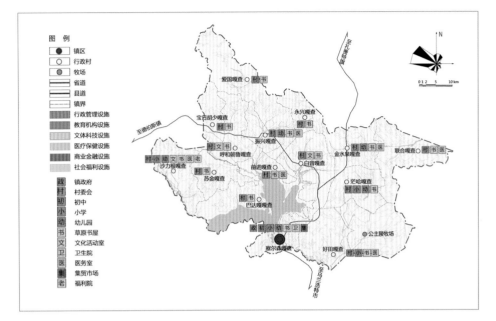

镇域公共服务设施规划

TOWNSHIP PUBLIC SERVICE FACILITIES PLANNING

目前，察尔森镇内共有小学4所，中学1所，数量基本能够满足需要，但教育设施质量参差不齐，教育水平有待提高；镇域共有15处草原书屋，覆盖全部嘎查；医疗设备相对完备，但应急反应能力不足；无独立的村镇居民服务的体育设施场地，体育设施供应严重不足；镇域内有福利院1处，位于沙力根嘎查。

依据察尔森镇各居民点的实际需求，公共服务设施按镇区、中心村、基层村3个等级配置。根据半农半牧地区的生产生活特点，有序建设经营性公共服务设施，在健全完善现有公共服务设施的基础上，增强城镇对公益性公共服务设施的投入，合理安排行政管理、教育机构、文体科技、医疗保健、商业金融、社会福利、集贸市场、农业生产服务设施8类公共设施的用地布局。

察尔森镇镇域公共服务设施规划图

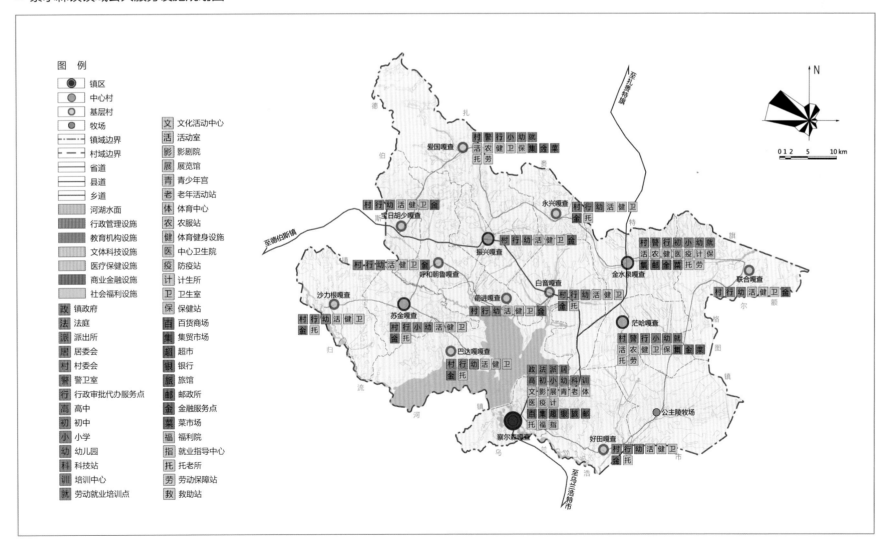

镇域历史文化与特色景观资源利用规划

TOWNSHIP HISTORICAL CULTURE AND LANDSCAPE RESOURCES PROTECTION

■ 历史文化与特色景观资源利用体系构建

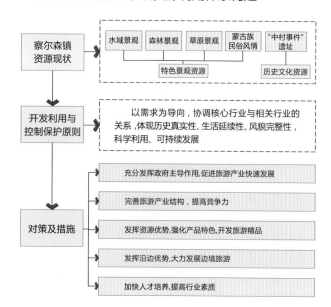

■ 察尔森镇镇域重点历史文化与特色景观资源现状一览表

项目名称	位置	性质	开发利用及保护现状
察尔森水库	察尔森镇镇西	自然保护资源	察尔森水库2005年8月，被评为"国家水利风景区"，是东北四大水库之一，以灌溉、防洪为主，已开发养殖、发电、旅游等项目，但未形成系统，并缺乏对资源及环境的保护措施。
察尔森国家森林公园	察尔森镇北县道东侧	自然保护资源	察尔森国家森林公园集森林和草原风光于一体，树木繁茂，绿草如茵，吸引大批国内游客。
蒙古族度假村	白音嘎查、巴达嘎嘎查等多个嘎查	风景名胜资源	有万豪蒙古大营、蒙古族旅游村2个3A级景区及其他度假村，集避暑、度假、休闲旅游功能于一体，设有骑马、射箭、狩猎、钓鱼、划船等娱乐项目，还可以品尝蒙古族美食，欣赏具有蒙古民族特色的优美歌舞。
"中村事件"遗址	察尔森镇镇区	历史文化资源	察尔森镇内建设有"中村事件"遗址纪念墙，是兴安盟盟级爱国教育基地。

■ 察尔森镇镇域历史文化与特色景观资源保护规划图

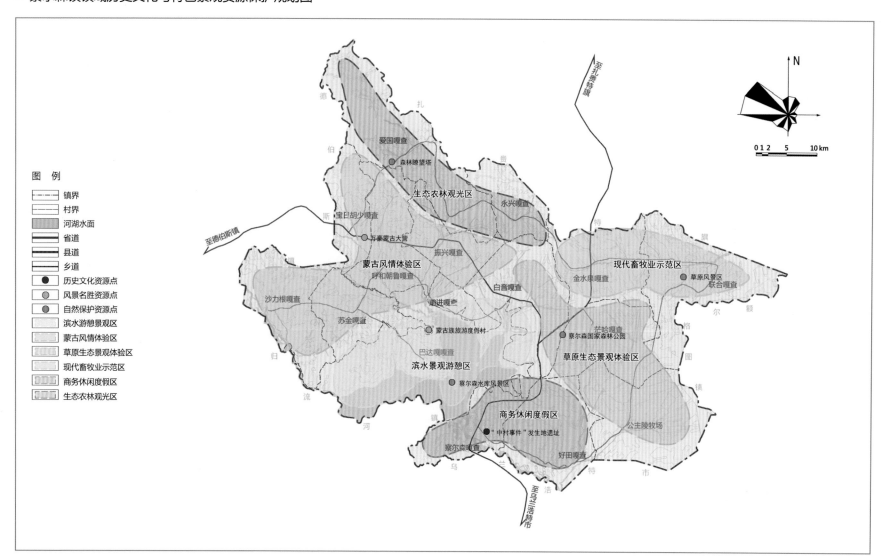

■ 镇域历史文化与特色景观资源体验线路规划图

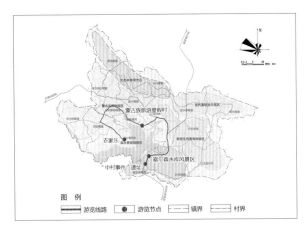

线路一：蒙古民俗风情体验线路

全程距离：约90km
全程时间：1天1夜
途径资源节点：
"中村事件"遗址→察尔森水库风景区→
蒙古族旅游度假村→农家乐
线路特色：
线路涵盖察尔森主要特色景观，以体验蒙古族传统民俗风情为主要特色，在享受蒙古族美食，体验蒙古族习俗的同时，可以欣赏水库、草原等优美的沿途风光。

线路二：草原生态风光体验线路

全程距离：约90km
全程时间：1天1夜
途径资源节点：
"中村事件"遗址→察尔森水库风景区→
察尔森国家森林公园→万豪蒙古大营
线路特色：
线路涵盖察尔森主要特色景观，以体验察尔森草原生态风光为主要特色，沿途可以亲临广阔的草原、葱郁的森林及开阔的水域，感受察尔森独特风景。

线路三：察尔森风貌体验线路

全程距离：约170km
全程时间：2天1夜
途径资源节点：
"中村事件"遗址→察尔森水库风景区→
察尔森国家森林公园→万豪蒙古大营→
蒙古族旅游度假村→农家乐
线路特色：
线路贯穿察尔森主要风貌特色景点，在欣赏察尔森水库、草原等风光的同时，又可以体验蒙古民俗风情。

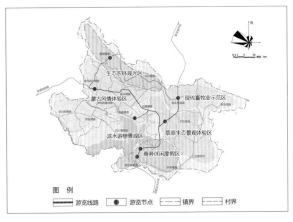

线路四：绿色生态示范乡镇展览线路

全程距离：约200km　　全程时间：3天2夜
途径资源节点：
商务休闲度假区（"中村事件"遗址、察尔森水库风景区）→草原生态景观体验区（察尔森国家公园）→现代畜牧业示范区→生态畜牧业展示区（万豪蒙古大营）→滨水景观游憩区（蒙古族旅游度假村）
线路特色：
线路贯穿察尔森各景观资源分区，可以充分体验察尔森绿色乡镇规划成果。

■ 察尔森镇历史文化与特色景观资源利用引导

分区类型	分区基本情况及控制引导策略
滨水游憩景观区（察尔森水库）	以查尔森水库风景区为核心，包括周边蒙古族度假村、爱国主义教育基地等。规划重点为协调水库的生态环境保护与开发利用，在水库周边设置生态缓冲带，禁止大规模开发建设，禁止侵占水面行为，保护河湖湿地；引导控制水库的养殖规模；适当建设滨水景观，发展水库旅游，传承冬季渔猎文化节、蒙古族风情体验等特色文化。
生态农林观光区	位于镇域西北地区，包括爱国嘎查、永兴嘎查等，拥有丰富的森林资源和农产品资源，可开展森林氧吧体验、绿色果蔬采摘、生态农业体验等活动。规划重点在于生态红线划定，开展荒山造林、低等级耕地还林工程，发挥森林的防风固沙、净化空气、维持生物多样性等功能。
蒙古风情体验区	位于镇域西部地区，包括沙力根、苏金嘎查等，草地资源丰富，生态条件优越，生态畜牧业初具规模，可开展特色养殖观摩、万豪蒙古大营体验等活动。规划应以最大限度保留区域内原有生态系统为基础，引导并控制各种建设工程，一方面发展畜牧业、种植业，一方面通过生态畜牧业带动二、三产发展。
草原生态景观体验区	位于镇域东部，以察尔森国家森林公园和公主陵牧场为特色，集草原与森林风光于一体，景色优美，宜适当引入草原观光等体验、旅游项目。规划重点在于控制旅游开发的强度，力求保护区原有草原生态系统和森林生态系统。
现代畜牧示范区	位于镇域东北部，包括金水泉及联合嘎查等，现代畜牧业发展较好，可开展现代畜牧养殖示范、现代牧场体验等活动。规划引导以规模化、现代化、产业化及集约化养殖为主，开发与控制并重，确定合理开发强度与规模。
商务休闲度假区	位于镇域南部，以察尔森镇区为核心，服务于察尔森水库及其周边旅游景点，建设旅游服务相关设施配套和主要的集散区，重点开展休闲、养生、度假及商务会议等活动。规划重点为协调镇区接待、集散、休闲娱乐等方面的关系，同时注重镇区生态建设，保护山、水、林、绿等基本格局，建设宜居型商务休闲小镇。

镇域环境环卫治理规划
TOWNSHIP ENVIRONMENTAL SANITATION GOVERNANCE PLANNING

　　综合考虑察尔森镇地理位置、自然条件、经济条件、土地利用特征及半农半牧生产方式等因素。合理确定各居民点垃圾处理设施等级、资源化利用途径；划定污水集中处理和分散处理的区域及方式，确定相应设施的选址与规模。确定村庄粪便处理的方式和用途，鼓励粪便资源化处理。根据各居民点条件合理引导化粪池、人工湿地、稳定塘等分散式绿色处理技术的推广与应用。重点完善农作物秸秆、畜牧业生产垃圾等废弃物的回收设施与处理技术，促进农牧业垃圾的循环利用。

■ 农牧业垃圾循环体系构建

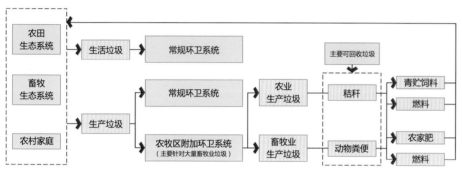

■ 察尔森镇镇域环境环卫治理现状图

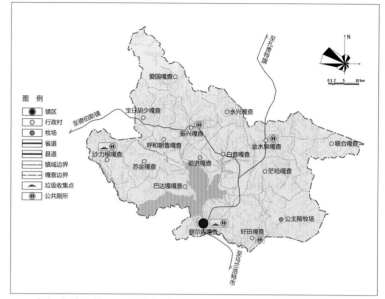

　　察尔森镇现状环卫设施极为匮乏，仅在察尔森镇镇区、振兴嘎查、沙力根嘎查等嘎查设有公厕，且为旱厕。除镇区及沙力根嘎查设有垃圾集中收集点外，其他嘎查均随意堆放，对居住环境有一定影响。

■ 察尔森镇镇域环境环卫治理规划图

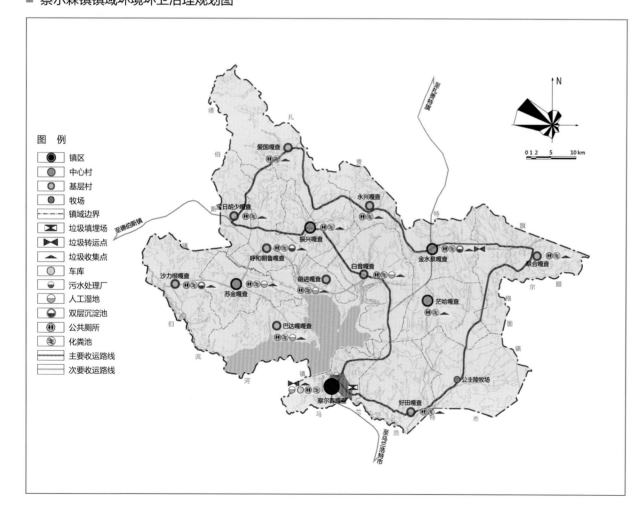

• 重点环卫设施项目规划策略一览表

环卫设施	规划策略
垃圾填埋场	规划在镇区东5公里处建垃圾填埋场1处，占地面积约为2公顷。垃圾处理方式采用卫生填埋法，垃圾处理达到防止污水渗透，防止沼气燃烧，防止病虫害，设置防护区标准。
垃圾转运点	规划在镇区设置4座集装箱式垃圾转运站，每座占地120 m²左右。并在中心村位置设置规模合理的垃圾转运点。
垃圾收集点	规划要求察尔森镇镇域范围内各嘎查的垃圾收集点全覆盖。
污水处理厂	规划在镇区的西南部建污水处理厂1处，占地面积约为2.4公顷。日处理污水规模近期达到0.07万m³/日，远期达到0.278万m³/日。
公共厕所	规划镇区公共厕所按500米服务半径布置，一些重要公厕依照配建标准设置，全部为水冲式厕所。各嘎查依据需求配置公共卫生厕所，可适当增大服务半径。

NO.4

森工经济型范例——范例四：黑龙江省铁力市朗乡镇

镇域现状综合分析

THE BASIC DATA AND THE CURRENT CONDITIONS

　　朗乡镇隶属于伊春市管辖的铁力市，是黑龙江省中部、小兴安岭南麓的森工型小城镇，东与南岔林业局接壤，南与依兰县、通河林业局相连，西与桃山林业局交界，北与带岭林业局毗邻。国铁绥佳线从镇内穿过，可直达哈尔滨、长春、沈阳、天津直至首都北京，公路与伊春、佳木斯、哈尔滨相通，交通便利。全镇总面积 2 772 平方公里，施业区面积 26.47 平方公里。2010 年，镇域总人口约 7.46 万人，其中非农人口为 7.15 万（占总人口的 95.84%）。共有 5 个行政村，6 个社区、18 个林场（所）。2010 年，全镇生产总值达 92 155 万元，人均 GDP 达 12 353 元，第一、二、三产业比例为 36.5%:50.7%:12.8%。

■ 朗乡镇镇域综合现状图

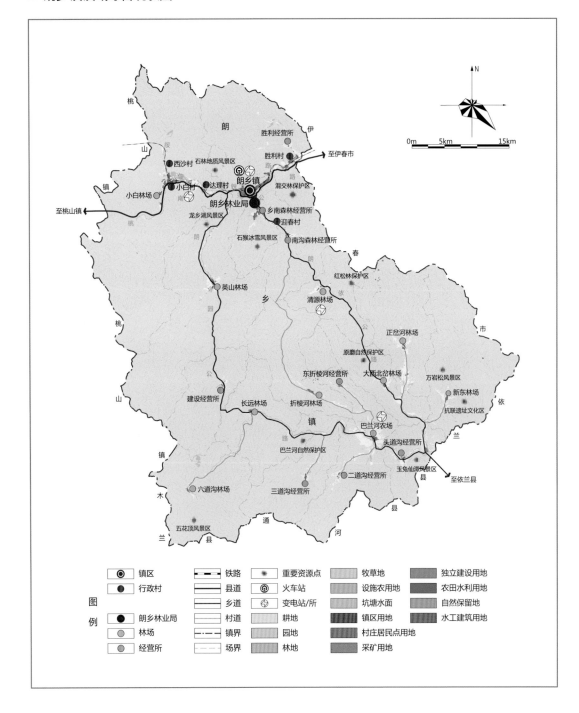

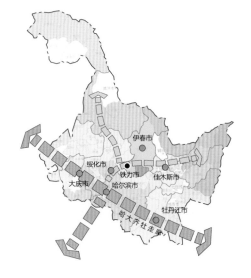

• 伊春市在黑龙江省的位置

• 铁力市在伊春市的位置

• 朗乡镇在铁力市的位置

■ 朗乡镇镇区及行政村人口、用地规模

朗乡镇镇域总人口74 647人，其中，城镇人口71 514人，农村人口3 133人，全镇下设6个社区、5个行政村、18个林场（所）。6个社区分别是中心社区、小白社区、东胜社区、铁路社区、乡南社区和西山社区。5个行政村分别为达理村、迎春村、胜利村、小白村、西沙村。18个林场（所）分别为新东林场、正岔河林场、大西北岔林场、清源林场、折棱河林场、长远林场、英山林场、小白林场、头道沟经营所、二道沟经营所、三道沟经营所、六道沟林场、东折棱河经营所、建设经营所、南沟经营所、乡南经营所、胜利经营所、巴兰河农场。

• 人口及建设用地规模预测表

2010年	镇区	达理村	迎春村	胜利村	小白村	西沙村	林场所
人口（人）	49 143	457	421	556	1 120	835	22 115
建设用地面积（km²）	136 044.2	4 171.9	3 122.0	2 879.8	8 990.7	5 625.9	—
人均建设用地面积（m²）	276.8	912.9	741.6	517.9	802.7	673.8	—
2030年		自然增长率：2.5‰		机械增长率：7‰			
人口（人）	59 372	512	589	688	1 456	850	26 718
建设用地面积（km²）	83 120.8	714.2	824.6	950.8	2 038.4	1 138.8	—
人均建设用地面积（m²）	140	139.5	140	138.2	140	137.5	—

• 林场（所）用地规模情况表

名称	占地面积（hm²）	与镇区距离（km）	名称	占地面积（hm²）	与镇区距离（km）
新东	73.65	2.5	二道沟	43.47	2.5
正岔河	54.79	2.0	三道沟	43.20	2.5
大西北岔	32.03	2.0	六道沟	59.49	2.6
清源	31.93	1.1	东折棱河	23.60	1.8
折棱河	47.36	1.8	建设	59.25	1.6
长远	47.68	1.9	南沟	31.45	0.5
英山	96.03	0.9	乡南	36.32	—
小白	155.16	0.8	胜利	67.57	0.5
头道沟	27.11	2.7			

■ 经济发展

朗乡镇经济结构以第一产业和第二产业为主，第三产业相对薄弱。2010年镇生产总值为92 155万元，其中第一产业33 659万元，包括农业产值12 393万元，林业15 466万元，牧业5 724万元，渔业76万元。第二产业46 736万元，第三产业11 760万元。

自2006年开始，林木业增速减缓，林副产业、旅游业增速加快，以林为主的多种经营已超过林产工业成为镇域经济主要的行业类型，森工系统主体经济已经向非林木业转型，林下经济种植和旅游业成为新的发展方向。

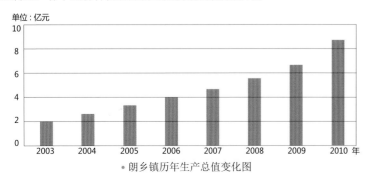

• 朗乡镇历年生产总值变化图

■ 朗乡镇镇域产业布局现状图

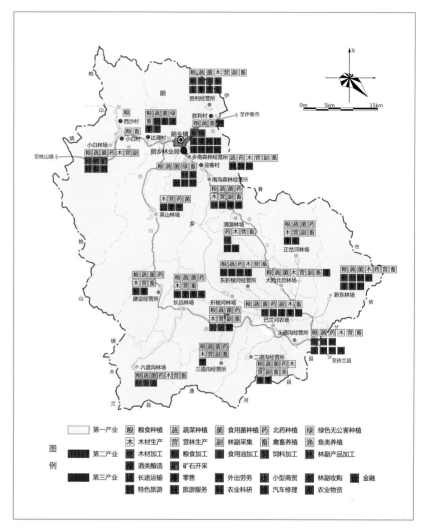

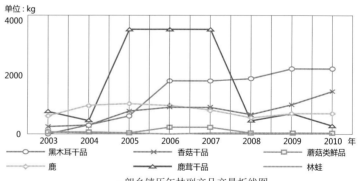

• 朗乡镇历年林副产品产量折线图

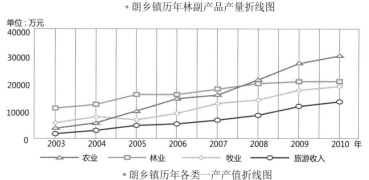

• 朗乡镇历年各类一产产值折线图

镇域绿色产业规划

TOWNSHIP GREEN INDUSTRY LAYOUT PLANNING

朗乡镇是以林业及旅游业为主要职能的森工型乡镇，经济增长相对稳定。但近年来，大量木材砍伐导致资源大幅减少，林木开发进入恢复期，木材采伐与经营加工等产业受到一定程度的抑制，产业发展亟待转型。规划宜以林木资源为基础大力发展循环经济，拓展绿色产业链条，培育森林种质保育、木材精深加工、绿色食品加工、林产立体开发、现代农科开发、特色生态旅游等优势特色产业，推进林木资源开发由粗放型利用向集约型转变，提高资源的利用效率的综合利用。

■ 林业循环经济体系

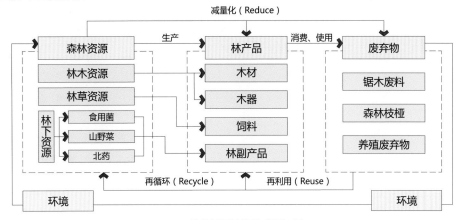

• 林业循环经济体系框架图

以减量化（Reduce）、再利用（Reuse）和再循环（Recycle）为基本原则，促进"以林为本"的产业拓展与循环利用，用"资源—产品—再生资源"的反馈式流程取代传统的"资源—产品—废物"的单程式经济发展模式，实现林业地区生态效益、经济效益和社会效益的平衡。

■ 朗乡镇镇域绿色产业链图

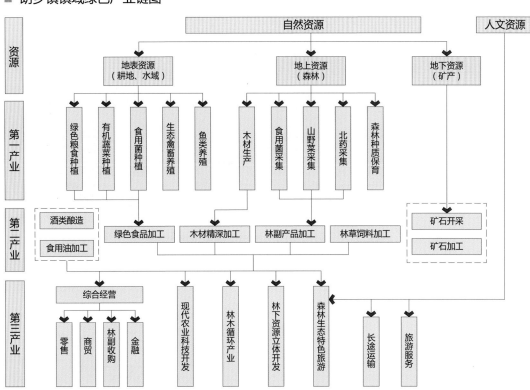

■ 林业资源开发周期规律示意图

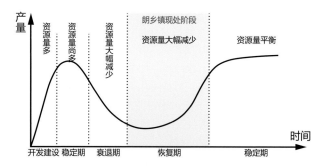

■ 朗乡镇域可发展绿色产业项目

以林业循环经济体系的理念对现有产业进行升级与拓展，建立资源环境条件、现状开发强度、绿色产业基础、社会经济支撑及社会服务条件等要素的指标体系，对其发展适宜性进行评价，选择绿色食品种植、有机蔬菜种植、森林种质保育、生态禽畜养殖为一产重点项目，林木、绿色食品、林副产品、林场饲料等产业精深加工业为二产重点项目，以林业循环经济相关产业为三产重点项目，对朗乡镇的绿色产业发展进行重新的定位。

• 朗乡镇适宜发展的绿色产业

第一产业	第二产业	第三产业
绿色食品种植	林木精深加工	林木循环产业
有机蔬菜种植	绿色食品加工	现代农业科技开发
森林种质保育	林副产品加工	森林特色生态旅游
生态禽畜养殖	林草饲料加工	

■ 朗乡镇镇域绿色产业区划图

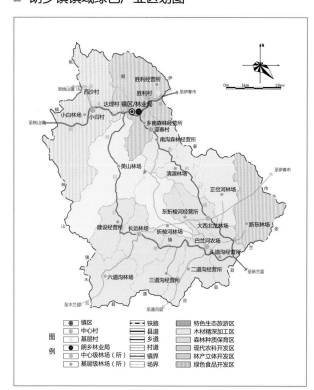

60

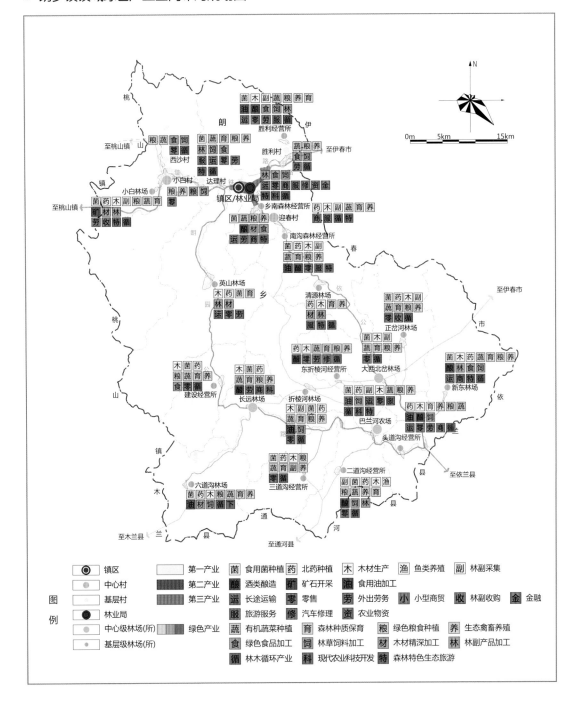

■ 朗乡镇镇域绿色产业空间布局规划图

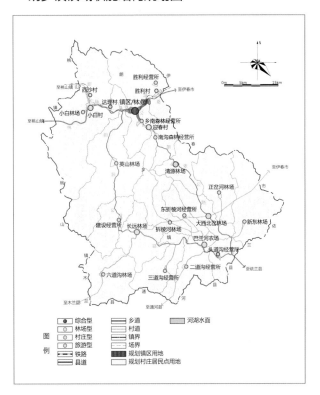

■ 朗乡镇镇域职能结构规划图

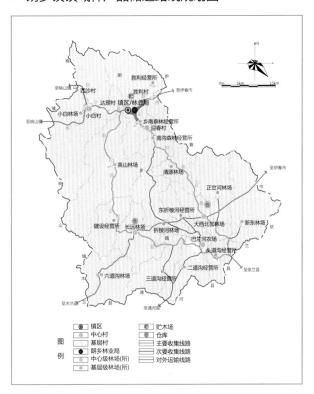

■ 朗乡镇镇域林产品储运路线规划图

结合朗乡镇镇域产业发展现状，镇政府辖属村庄重点发展绿色粮食种植、有机果蔬种植、生态禽畜养殖等，为各林场（所）及镇区居民提供绿色有机食品。而林业局辖属的各林场（所），需遵循林业资源开发周期规律，依据绿色产业适宜性评价，因地制宜的选择绿色产业发展类型，如林下药材种植、林草饲料种植、绿色生态养殖等第一产业类型；应用循环经济理论，拓展以林业资源为基础的绿色产业链条，发展林木循环产业、林副产品加工、绿色食品加工等第二产业，并完善仓储、运输等基础配套设施，在镇域内规划覆盖全面、线型合理的农林产品储运线；积极发展与森工林场相关的第三产业，重点突出森林旅游产业的发展。据此，将镇域空间划分为特色生态旅游、绿色食品开发、木材精深加工、森林种质保育、林下资源立体开发及现代农业科技开发 6 个产业功能区，突出地方村镇与森工型林场（所）相融合的产业发展特点，实现生态环境保护与经济发展双赢。

镇域空间布局规划
TOWNSHIP SPATIAL DISTRIBUTION PLANNING

　　朗乡镇作为典型的森工型城镇，镇域森林覆盖率在90%以上，绿色生态属性较强。根据镇域内水面、林地、农地、草地、村镇建设、基础设施等不同用地类型的绿色特征，规划不同等级的绿色空间，并确定其具体空间范围，结合气候条件、水文条件、地形状况、土壤肥力等自然条件，提出各类用地空间的开发利用、设施建设和生态保育的要求及措施。在绿色空间保护利用的基础上，构建合理的空间结构，规划沿绥佳铁路形成一级空间发展轴，沿朗依公路、朗园公路形成二级空间发展轴，引导镇域空间形成有序的镇域镇村分布，形成统一有机整体和网络化的空间布局结构。

■ 朗乡镇镇域空间布局规划图

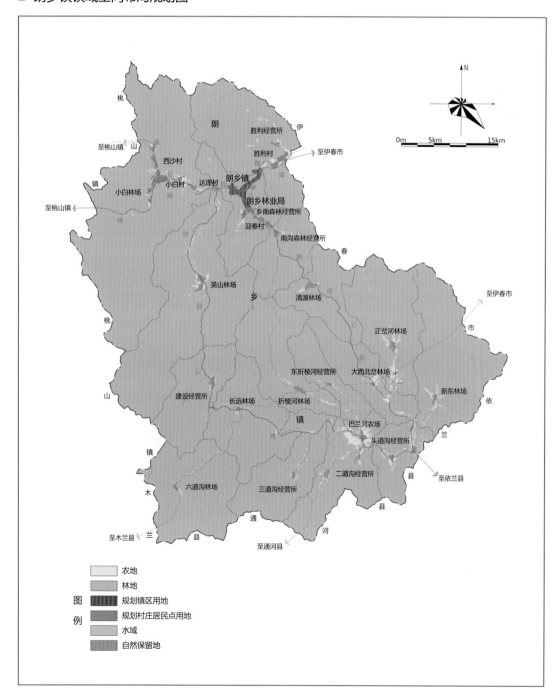

■ 朗乡镇镇域空间结构规划图

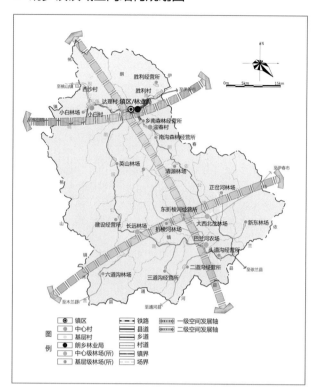

■ 朗乡镇镇域空间利用引导

用地类型	开发利用	设施建设	生态保育
建设用地	镇区建设 村庄居民点建设	基础设施 公共服务设施 经营设施	村镇绿化建设及矿区复垦等
林地	林木产业 经济林种植 林下种养 苗圃基地 观光采摘	林业管理设施 林区作业路 旅游服务设施 防（火）灾设施	依据生态功能评估，实行较严格保护，园地与林地之间、林地与农田之间可进行一定的转用
农地	水生农作物种植 旱生农作物种植 采摘农业	灌溉渠网 节水灌溉设施 大棚等农业设施	严格保护田地范围，保育水土条件，进行土地整理
水域	水产品养殖 农业灌溉 滨水旅游	养殖设施 取水设施 旅游服务设施	严格保护水面范围
自然保留地	指水域以外，规划期内不利用、保留原有性状的土地		

■ 朗乡镇居民点等级结构规划图

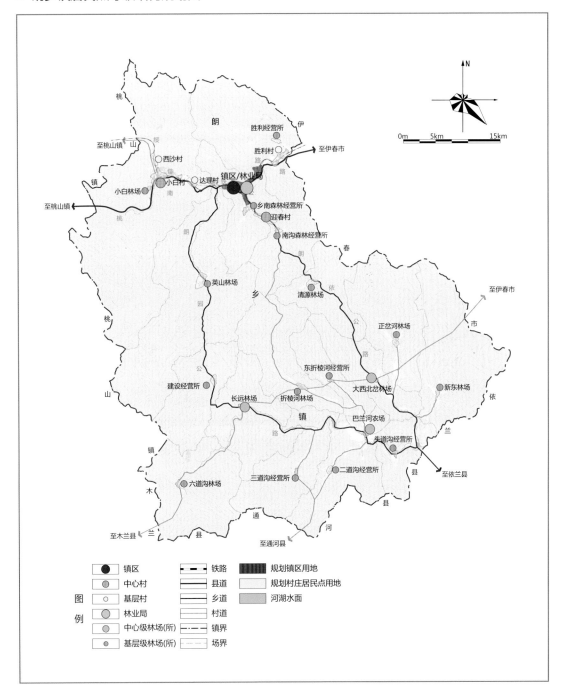

■ 朗乡镇居民点规模结构规划图

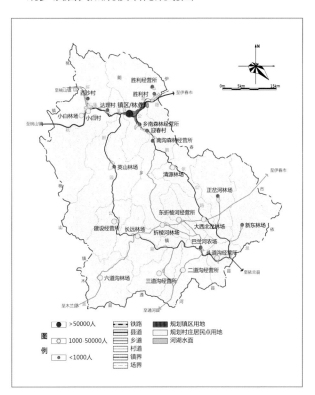

■ 朗乡镇居民点调整规划图

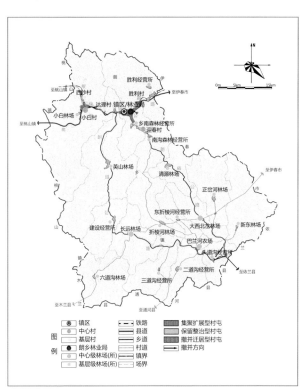

　　依据地形地貌、地质水文、经济地理、农林生产等条件，以建设用地适宜性评价、村镇发展潜力评价为基础，对现状居民点进行整理，划分了保留整治型、集聚扩展型及撤并迁居型3种类型。其中，丰山屯、沙房屯、向阳屯、朗乡屯4个村屯因自然环境条件恶劣、交通不方便、信息不通、受自然灾害影响或规模过小的因素分别就近迁并至附近基础设施及公共服务设施相对完善的村庄内。

　　对朗乡镇镇域居民点空间结构体系进行调整，将迎春村和小白村定为朗乡镇中心村，其他村庄（达理村、西沙村、胜利村）为基层村，形成"镇区—中心村—基层村"三级等级结构，将长远林场、大西北岔林场、巴兰河农场定为中心级林场（所），其余林场及森林经营所（小白林场、胜利经营所、乡南经营所、南沟经营所、英山林场、清源林场、建设经营所、六道沟林场、三道沟经营所、二道沟经营所、头道沟经营所、折棱河林场、东折棱河经营所、正岔河林场及新东林场）为基层级林场（所），形成"林业局—中心林场（所）—基层林场（所）"三级等级结构。

镇域绿色交通体系规划

TOWNSHIP GREEN TRANSPORTATION SYSTEM PLANNING

　　朗乡镇绥佳铁路、桃南公路（县道）、朗伊公路（乡道）、朗园公路（乡道）构成了镇域对外联系、对内衔接的基本交通骨架。大西北岔—新东、长远林场—六道沟、红旗—三道沟、巴兰河—二道沟、三号坝—正岔河、南沟经营所—巴兰河为域内主要村道，除大西北岔—新东段为水泥路面，均为土路。朗乡与各村、林场（所）间的农村公交体系较为薄弱，以私营为主。村镇道路尤其是林场与林场间存在性质不明，技术等级偏低，缺乏服务于林业生产与经营视角的仓储供应网络与交通运输网络的设计，整体服务与运输效率还处于较低的水平。

■ 朗乡镇镇域绿色交通体系规划图

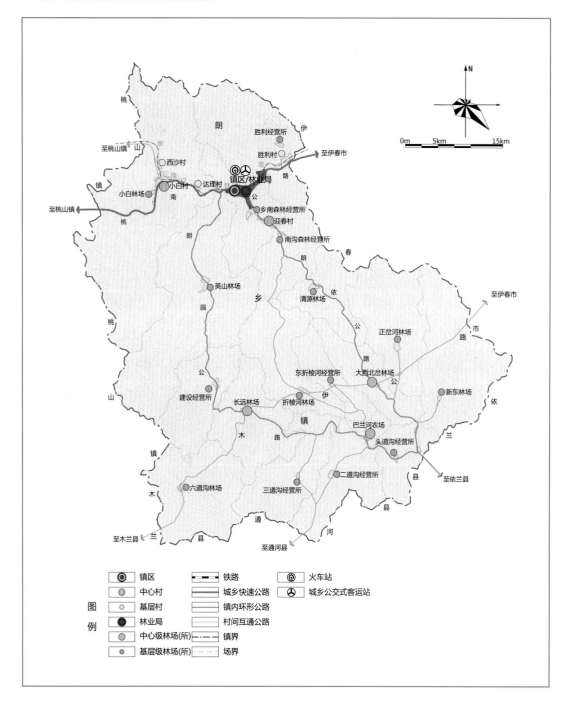

■ 朗乡镇镇域交通体系现状图

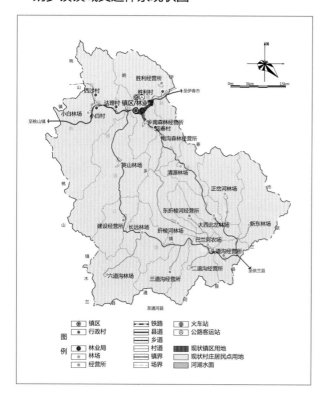

■ 朗乡镇公路技术等级要求表

公路名称	规划公路作用	公路连通重要节点	规划公路等级
桃南公路	城乡间快速连通	桃山镇、小白林场、小白村、达理村、朗乡镇、镇区、胜利村、伊春市	二级公路
朗园公路	镇内重点村屯互通	达理村、英山林场、建设经营所、长远林场、巴兰河农场、头道沟经营所	二级或三级公路
朗依公路	镇内重点村屯互通	朗乡镇镇区、乡南经营所、迎春村、南沟经营所、清源林场、大西北岔林场	二级或三级公路
木伊公路	镇内重点村屯互通	东折棱河经营所、大西北岔林场、六道沟林场、长远林场、折棱河林场	三级及以下公路
其他村镇公路	各村屯间互通	西沙村、胜利经营所、三道沟经营所、二道沟经营所、正岔河林场、新东林场	三级及以下公路

　　根据村镇现状、发展规模、用地规划及交通运输状况，结合山区地形条件、环境保护与路面排水等要求，规划镇域环线公路，提高通村公路技术等级及公路网络化建设水平，将桃南公路等道路技术等级由三级提升为二级，对朗依公路、朗园公路进行土道改造，其他村道进行土道拓宽，以加强镇区、各村间，各村、林场（所）间的生活交通联系与生产物资交换，同时综合考量林木储运与农村公交道路网络系统选线与配套设施建设。

■ 朗乡镇废弃木料回收逆向物流规划图

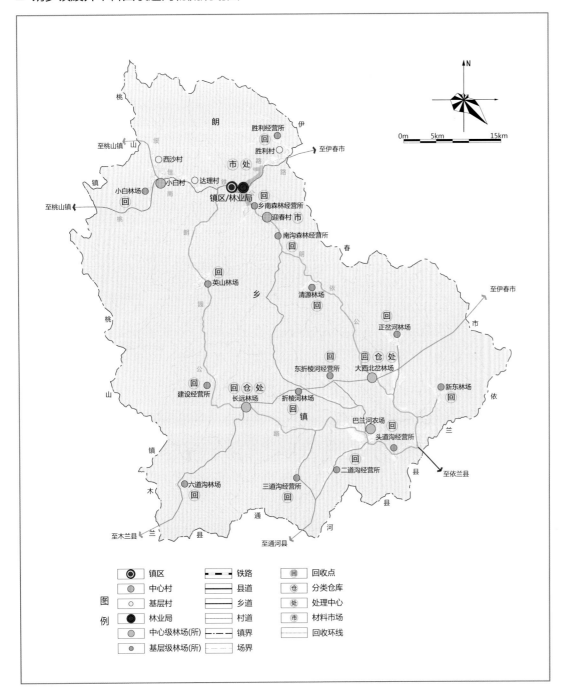

■ 朗乡镇废弃木料逆向物流网络框架图

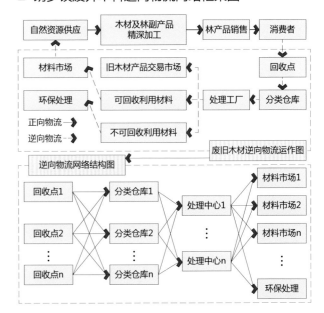

■ 朗乡镇林场公交路线规划图

　　根据寒地树种的生长周期特点，朗乡镇将进入 40 年以上的生态恢复期，森林储备量和可采伐成过熟林储备量有所下降，森林木材资源逐渐紧缺，废旧木材的回收和再利用作用凸显。在各个林场设置回收中心，负责从代理商、企业的零售点或直接从用户手中回收废旧产品。在镇区、长远林场及大西北岔林场设立分类仓库，用于暂存回收的废旧木材，并对其进行简单的拣选分类，协调回收中心和处理中心的能力，选址注重交通便捷性，并与材料市场对接。在长远林场及大西北岔林场结合分类仓库设立处理中心，为需求企业提供合适产品。

　　依托镇域朗依公路、朗园公路等组织农村公交网络，在朗乡镇镇区结合城乡公交式客运站设置公交首末站，在迎春村、长远林场、大西北岔林场及头道沟经营所设置标准站，在西沙村、小白村、达理村、胜利村、胜利经营所、小白林场、乡南经营所、南沟经营所、英山林场、清源林场、建设经营所、六道沟经营所、折棱河林场、东折棱河经营所、正岔河林场、新东林场、三道沟经营所、二道沟经营所、巴兰河农场设置即停站，形成镇域绿色公交体系，为镇域居民和职工通勤、外出提供便捷。

镇域供水供能规划

TOWNSHIP MUNICIPAL INFRASTRUCTURE PLANNING

严寒地区村镇具有分布地域广、等级规模差异大、建设投入高而利用效率低等诸多不利因素，导致村镇基础设施总体建设与服务水平平均较低。一方面，极寒的气候条件对村镇供水供电保障、污水与废弃物处理设施的小型化和生态化有更高的要求。另一方面，粮食生产和生态功能保障对村镇能源结构的绿色化升级有必然的促进作用，绿色能源、清洁能源，尤其是风能、生物质能源有非常宽广的应用前景。

与传统供水供能规划相比，绿色供水供能体系在满足相应规范标准及需求量预测的基础上对当地现有资源进行评价，依据资源可开发程度，遵循满足村镇发展基本需求，水源保护与卫生防护，清洁能源的倡导与利用，智慧、高效的供水供能方式选择，经济、均衡的管网布线，减量使用、循环利用于环境低冲击等原则进行规划，并提出适当指导性意见。

■ 朗乡镇镇域供水体系

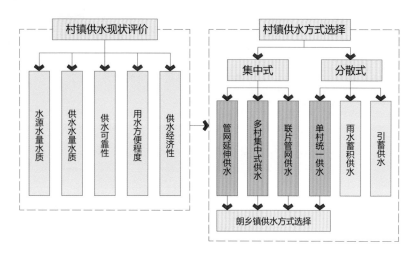

村镇供水应根据村镇水系分布现状、水质、水量等进行评价，确定采用集中式、分散式或集中分散结合式供水方式。现朗乡镇镇区、行政村及林场所用水水质经检测符合生活饮用水标准。朗乡镇采用单村单镇式、联片集中式以及供水井或引水工程3种供水方式，饮用水采用沉淀池、净化池等处理方式。

■ 朗乡镇镇域供能体系

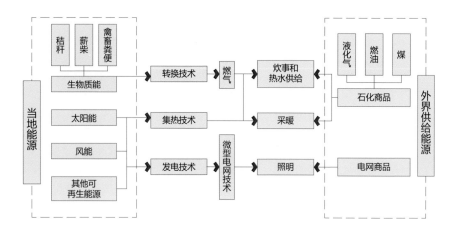

朗乡是以林业生产为主的森工型村镇，其生产产生的秸秆、树木等木质纤维素、农林废弃物等生物质能具有较好的资源优势，是当地能源供应的主体。此外，太阳能、风能等可再生能源也有一定程度的应用，普及率不高，可在经济条件允许的前提下，采取一定的措施积极倡导。

■ 朗乡镇镇域供水供能现状图

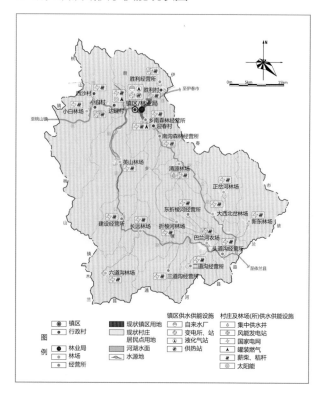

朗乡镇生活水源主要取自自来水管网与自建水井。镇区自来水供给水源为半圆河，普及率为40%，居民点及林场作业点的饮用水源主要取自地下水源，水质均有较好的保证。镇域设有4座变电所、1座变电站，供电率可达100%，其中胜利经营所在2005年年末自安装了19台风机，实现年发电量5 000万千瓦·时。镇区设有2座液化气站、1座热力站，基本可满足生活采暖与炊事的需求。居民点与林场作业点一般以秸秆、薪柴为主要燃料。

■ 朗乡镇镇域供水供能规划图

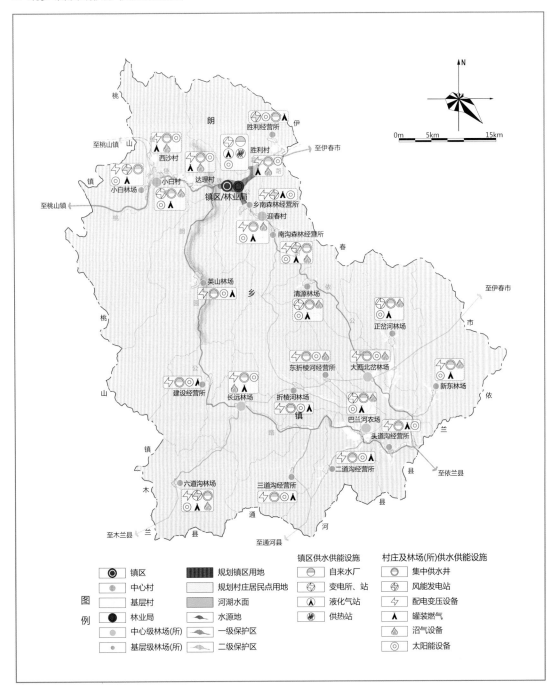

■ 朗乡镇镇域供水方式详解图

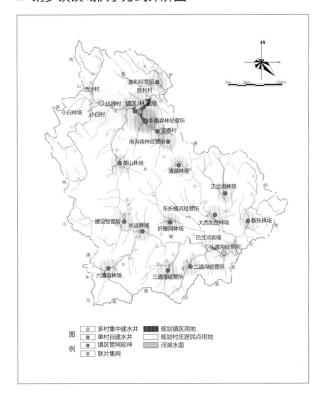

• 朗乡镇镇域供水供能一览表

居民点名称	供水		供能		
	供水方式	水质标准	供电	供热	燃气
朗乡镇镇区	联片集网	水质达标	国家电网	煤	液化石油气
迎春村	单村自建水井	水质达标	国家电网	综合供热	沼气、人工煤气
达理村	多村集中建水井	水质达标	国家电网	综合供热	沼气、人工煤气
胜利村	单村自建水井	水质达标	小型风电	综合供热	沼气、人工煤气
小白村	多村集中建水井	水质达标	国家电网	综合供热	沼气、人工煤气
西沙村	多村集中建水井	水质达标	国家电网	综合供热	沼气、人工煤气
小白林场	多村集中建水井	水质达标	综合电力	薪柴、秸秆	人工煤气
英山林场	单村自建水井	水质达标	国家电网	薪柴、秸秆	人工煤气
清源林场	单村自建水井	水质达标	国家电网	综合供热	沼气、人工煤气
正岔河林场	单村自建水井	水质达标	国家电网	薪柴、秸秆	沼气、人工煤气
长远林场	单村自建水井	水质达标	国家电网	综合供热	沼气、人工煤气
大西北岔林场	单村自建水井	水质达标	国家电网	薪柴、秸秆	沼气
折棱河林场	单村自建水井	水质达标	国家电网	薪柴、秸秆	人工燃气
新东林场	单村自建水井	水质达标	国家电网	薪柴、秸秆	沼气、人工煤气
六道沟林场	单村自建水井	水质达标	综合电力	薪柴、秸秆	沼气、人工煤气
胜利经营所	单村自建水井	水质达标	小型风电	秸秆、薪柴	人工煤气
乡南经营所	镇区管网延伸	水质达标	综合电力	薪柴、秸秆	人工煤气
南沟经营所	单村自建水井	水质达标	综合电力	沼气、薪柴	沼气、人工煤气
建设经营所	单村自建水井	水质达标	国家电网	秸秆、薪柴	人工煤气
东折棱河经营所	单村自建水井	水质达标	国家电网	薪柴	沼气
头道沟经营所	多村集中建水井	水质达标	国家电网	薪柴、秸秆	人工煤气
二道沟经营所	单村自建水井	水质达标	国家电网	薪柴、秸秆	人工煤气
三道沟经营所	单村自建水井	水质达标	国家电网	秸秆、薪柴	人工煤气
巴兰河农场	多村集中建水井	水质达标	国家电网	综合供热	沼气、人工煤气

注：综合供热指薪柴、秸秆、煤、电及太阳能等综合利用

根据相关标准进行水量预测，未来镇区人均用水量220 L/(人•d)，村屯人均用水量160 L/(人•d)，镇区西部规划新建1座供水厂，扩建半圆河水源地，修建龙乡湖水库，划定半圆河水源地一级保护区、二级保护区，禁止镇区及邻近村庄林场（所）向其排放污水，确保供水水质和供水的安全性。规划朗乡镇区66 kV变电所1处，主变容量2.6 MVA，电源由绥化引入，线路名称绥铁线。对镇域10 kV配电线路进行全面升级改造，各村建设箱式变电站或开闭所，各村设环网柜。此外，禁止林区私自砍伐树木，限制秸秆直接燃烧，倡导小型风电、太阳能、沼气等清洁能源的普及与利用。

镇域环境环卫治理规划
TOWNSHIP ENVIRONMENTAL SANITATION GOVERNANCE

　　环境环卫治理是实现村镇绿色化发展、提升人居环境水平的重要途径。朗乡镇现有 1 处垃圾填埋场（约 20 公顷），无污水处理厂。雨水回收再利用程度非常低，生活污水部分（中水水质、粪便）做为菜园灌溉及施肥，污水无害化处理程度较低，排放与处理不足。镇区公共厕所 18 处，除达理村、迎春村内有公共厕所外，其余居民点及林场（所）无公共厕所，环卫清洁未成系统，处理不及时，土地污染、水体污染严重。朗乡镇绿色环境环卫治理应以清扫保洁、收集转运、处理处置、综合利用和环卫管理为主要环节，以生态化、低碳化、资源化为目标，注重设施场点的生态化选址、收运线路的系统化设计、环卫设施配置的均衡性，从而实现环卫体系的高效运行。同时，根据各居民点条件合理引导化粪池、厌氧生物膜池、生物接触氧化池、土地渗滤、人工湿地、稳定塘等分散式绿色处理技术的推广应用。

■ 朗乡镇清扫保洁现状

场所	公共场所	道路	河塘沟渠	农田	公厕	户用厕所	宅基地	禽畜圈养落实
概况	镇区广场整洁，有环卫工人定时保洁；村庄整洁度一般，无专人负责	镇区道路环境整洁卫生；村庄道路灰土清扫不及时，有垃圾堆积	镇区水面清洁，局部有污水直接排入；村庄河岸有白色垃圾堆放	农田环境良好，无有害垃圾堆放	公厕保洁较差，无专人管理，便池清理不及时，化粪池卫生较差	大部分为旱厕，蓄粪池有渗漏、不清洁、有苍蝇，粪便定期清除不及时	镇区做到垃圾入桶，无堆放杂物；村庄房前屋后院落较整洁	家禽家畜基本实行圈养

■ 村镇环卫收运模式

a.宅基地收集环节　　　　　　b.组团式收集环节

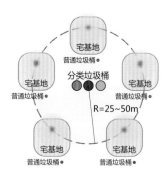

● 可回收垃圾
● 不可回收垃圾
○ 废旧木材

注：分类垃圾桶可服务5~10户

c.村庄收运环节

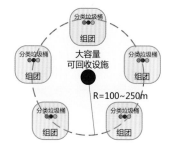

(a)普通垃圾收集　　　　　　(b)特殊垃圾收集

注：特殊垃圾收集岛为村镇生产生活产生的农药、兽药、化肥等包装物、地被覆膜及有毒有害垃圾等

■ 绿色环卫体系构建

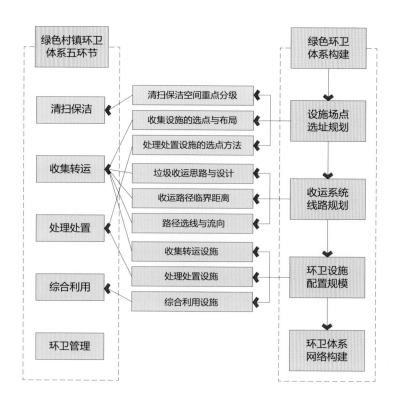

■ 垃圾收集转运系统模式图

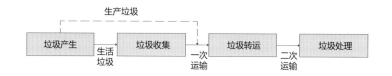

■ 环卫体系收运系统线路

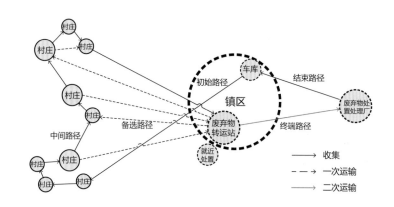

　　严寒地区村镇环卫体系收运系统的路径分为 3 个阶段：（1）村镇内部，收运车辆或工具的仓库—废弃物收集设施—废弃物卫生存放点。（2）村镇之间，废弃物卫生存放点—废弃物转运站—废弃物卫生存放点—废弃物转运站。（3）镇区至废弃物处理厂，废弃物转运站—废弃物处置处理厂—收运车辆或工具的仓库。

■ 朗乡镇镇域环境环卫治理规划图

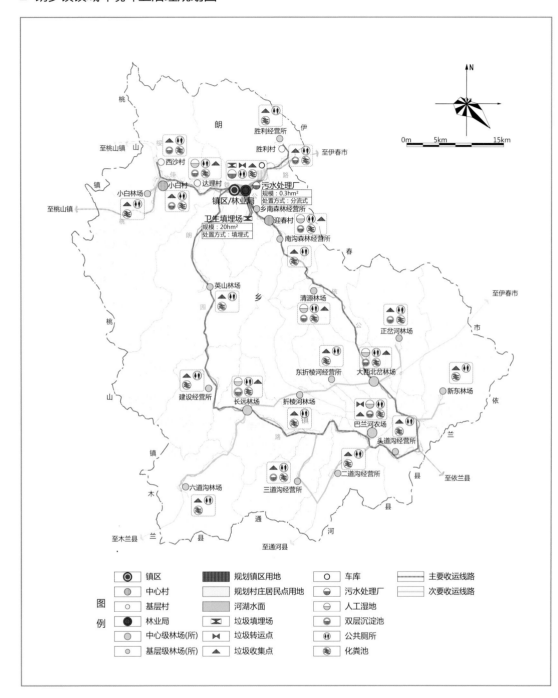

图例

◉ 镇区	▓ 规划镇区用地	○ 车库	▬ 主要收运线路
● 中心村	▢ 规划村庄居民点用地	◑ 污水处理厂	▬ 次要收运线路
○ 基层村	▨ 河湖水面	⊖ 人工湿地	
● 林业局	✖ 垃圾填埋场	⊙ 双层沉淀池	
● 中心级林场(所)	⋈ 垃圾转运点	♨ 公共厕所	
○ 基层级林场(所)	▲ 垃圾收集点	♨ 化粪池	

■ 朗乡镇镇域污水量预测

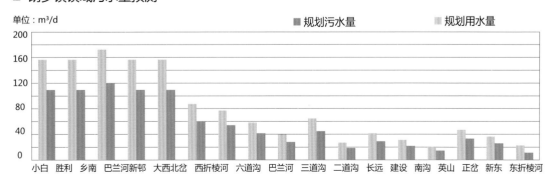

■ 朗乡镇镇域环境卫生治理现状图

预测污水排放量、垃圾产生量及粪便产生量。规划镇域内垃圾中转、集中处理设施的位置、规模、处理目标、方式,确定各居民点垃圾处理设施等级、资源化利用途径,安排垃圾转运系统所需的主要收运线路和次要收运线路,高效完成村镇垃圾的收运与处理。镇区东侧规划污水处理厂1座,采用分流制排水,其他居民点及林场(所)生活污水排入化粪池或通过双层沉降池、人工湿地等分散处理方式后明沟排出,镇域内雨水充分利用地形、水系进行合理分区,分散就近排入水体。

■ 污水处理方式

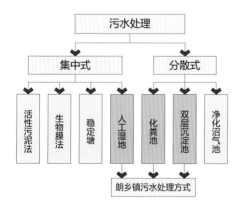

镇域公共服务设施规划

TOWNSHIP PUBLIC SERVICE FACILITIES PLANNING

　　严寒地区村镇公共服务设施用地 41.92 公顷，人均 10.74 平方米，占建设用地 11.63%，教育、医疗保健设施相对完善（超出国家标准约 60%、228%），文化体育设施（约为国家标准的 50%）、社会福利与保障设施缺乏，供给存在结构失衡的问题。1986 年，林业局有小学 31 所，直属初中 2 所，林场（所）戴帽初中 14 所，高级中学 1 所，职业中学 1 所，2004 年整合教育资源，新东林场是山上回族居民集中居住区，新东学校成为镇域内唯一保留的山上学校，其他林场（所）学校全部撤销，学生统一到山下学校就读。

■ 朗乡镇镇域公共服务设施规划图

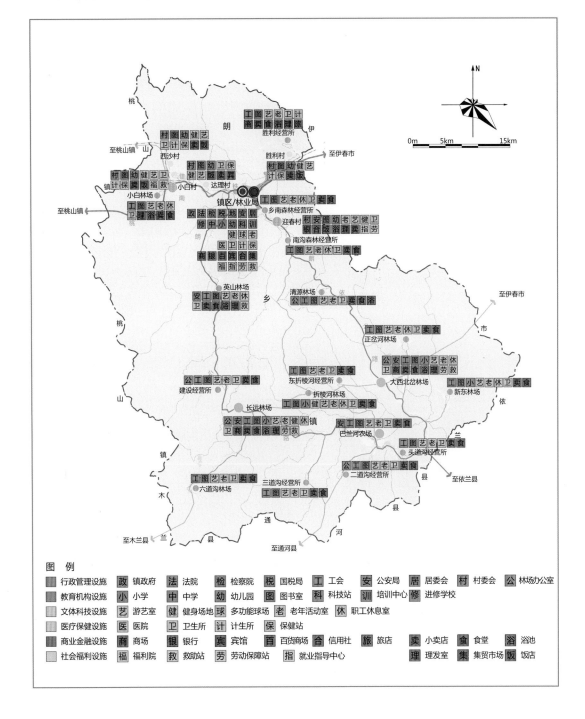

■ 朗乡镇镇域公共服务设施现状图

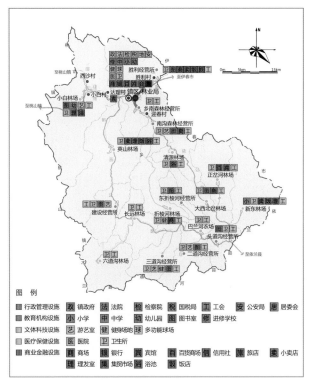

• 朗乡镇林场(所)相关公共服务设施一览表

项目	林业局	林场(所)
行政管理	居委会	工会、林场办公室
教育机构	中学、小学、幼儿园	小学、幼儿园、图书室
文体科技	健身场地	游艺室、老年活动室、职工休息室
医疗保健	医院、计生所、保健站	卫生所
商业金融	商场、信用社、饭店	小卖店、食堂、浴池、理发室
社会福利	福利院、就业指导中心、劳动保障站、救助站	劳动保障站、救助站

　　朗乡镇镇域公共服务设施规划主要应对承载区域性服务的镇级、村级设施作出原则性安排，并按照"镇区＋中心村＋基层村""林业局＋中心林场（所）＋基层林场（所）"两类居民点等级体系进行分类引导。针对朗乡林业局公共服务设施现有情况及职工、居民需求，在林场（所）范围内增设林场办公室、职工休息室、食堂、浴池、理发室、游艺室、劳动保障站及救助站等设施，以提高居民与林场职工生活满意度和林场工作环境舒适度。

■ 朗乡镇镇域防灾减灾规划图

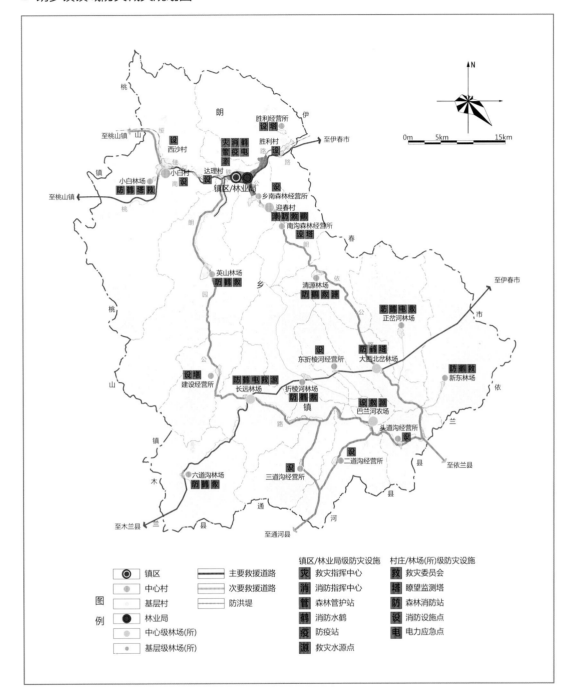

朗乡镇防灾减灾规划以森林消防、病虫害治理为重点，从"镇区 / 林业局—中心村 / 中心级林场—基层村 / 基层级林场"三个等级构建朗乡镇镇域森林防火体系。在镇区设置救灾指挥中心、消防指挥中心、消防水鹤、森林管护站及救灾水源点等防火设施，中心村与中心级林场设置森林消防站、瞭望监测塔（主要用于监测范围覆盖全镇域施业区）、救灾委员会等防火设施，基层村与基层级林场内设消防蓄水池等防火设施。同时，在镇区内设置了防疫站、防洪堤等防灾设施，防止病虫害爆发及洪水的侵害。镇域内规划 2 条主要救援道路及 5 条次要救援道路用于快速多方位救援需求，以提高救灾抢险及灾后恢复效率。

镇域防灾减灾规划
DISASTER PREVENTION AND REDUCTION

■ 朗乡镇镇域森林防火体系构建

森林防火体系以森林火灾预防、森林火灾扑救、森林火灾管护为主要功能，通过建立瞭望监测、气象预报、雷电监测定位及森林防火通信等工程，提升朗乡镇监测、预防森林火灾的能力。消防指挥中心、森林消防站等消防设施用于立体扑救科学灭火。森林管护站等设施用于构建林火信息管理数据库，实现统计报表、地理信息、森林资源统计、卫星热点云图、气象信息火险预报、火情动态、调度指挥资源共享，以实现森防调度指挥办公自动化，提高朗乡镇森林资源的管护水平。

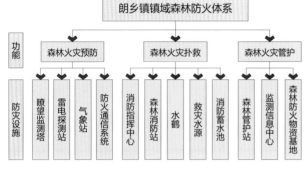

• 朗乡镇镇域森林防火体系框架图

■ 朗乡镇镇域森林火险区划图

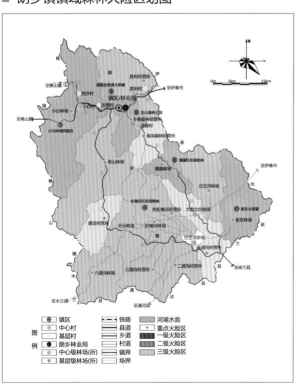

镇域生态环境保护规划

TOWNSHIP ECOLOGICAL ENVIRONMENT PROTECTION PLANNING

朗乡林区属长白植物区系，其特点是南北植物各类相互渗透交错，属于典型的红松阔叶混交林区。朗乡林区的地理位置、气候特点、地形特征决定了朗乡林区的植被科属较多，主要植被类型有木本类、藤本类、草本类和菌类等。其中，林下经济作物包括药用植物85种、山野菜12种、山野果11种、纤维植物11种、蜜源植物11种、油料植物17种、芳香植物6种、橡胶植物5种，此外还有野生食用菌类、兽类、鸟类、栖纲以及爬行纲等。林区丰富的动植物资源使生态环境保护规划必须发挥生物多样性保护与景观价值维护的职能，保留域内具有重要生态价值的斑块，通过建立分区控制引导、生态廊道构建等方式保护生态本地资源与生境条件。

■ 朗乡镇生态敏感性评价

总目标	目标层	要素层	指标层
生态敏感性	稳定度	地形	坡度
			相对高程
		地貌	土地利用类型
			是否特殊地貌
			植被覆盖指数
		气候	年平均降水量
			年最大积雪深度
			冬春季平均风速
		土壤	土壤质地
			土壤类型
		地质灾害	地质灾害易发程度
			是否存在地质断层
		水文	河流水系缓冲区
			水源地保护等级
	恢复度	生物多样性	物种丰度
			网络联系度
			珍稀物种分布
		基质脆弱性	农药化肥施用量
			河流水质
		生境耐受性	采掘场影响范围
			生境保护
			森林开发类型

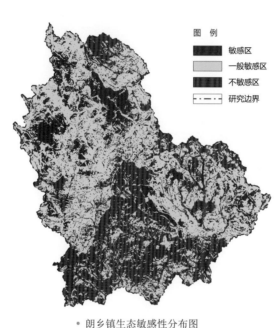

图 例

■ 敏感区
░ 一般敏感区
■ 不敏感区
-·-·- 研究边界

· 朗乡镇生态敏感性分布图

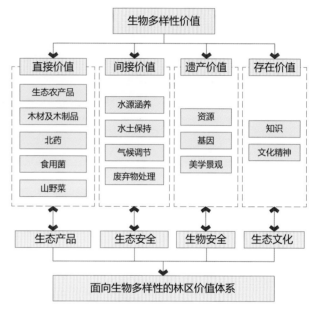

土壤敏感性　　物种敏感性　　矿点敏感性

积雪敏感性　　坡度敏感性　　断层敏感性

林业敏感性　　年均降水敏感性　　高程敏感性

· 朗乡镇生态敏感性因子分布地图

■ 面向生物多样性的林区价值体系

生态多样性作为生态系统的核心，其保护是维续生态系统服务功能与人类福祉的惠及过程的重要保障。林业地区水资源、气候资源、林木资源、珍稀鸟、兽、植物物种资源丰富，在提供生态产品（生态、农、林产品，药材等）与物种种质资源的同时，提供了生态系统基本的服务功能（水源涵养、水土保持、气候调节等和文化、精神、知识汲取的功能），是生态足迹及广域生态平衡重要的生态补给地与绿色策源地。

```
                生物多样性价值
   ┌──────────┬──────────┬──────────┬──────────┐
 直接价值    间接价值    遗产价值    存在价值
  生态农产品   水源涵养
  木材及木制品  水土保持    资源
  北药      气候调节    基因      知识
  食用菌     废弃物处理   美学景观    文化精神
  山野菜
   ↑          ↑          ↑          ↑
 生态产品    生态安全    生物安全    生态文化
   └──────────┴──────────┴──────────┘
          面向生物多样性的林区价值体系
```

· 面向生物多样性的林区价值体系框架图

■ 生态敏感度与生态格局优化

分区	生态价值	格局特征	生态风险胁迫	基质优化方向
生态敏感度低值区	最低	农田为优势景观	低风险	土地整理重点区
生态敏感度中值区（1）区	中等	连通性亟需优化	土壤侵蚀风险	生态廊道建设区
生态敏感度中值区（2）区	较高	生境连通性需提高	水质污染风险	河流生态重建区
生态敏感度高值区（2）区	很高	农田为优势景观	较易受胁迫	林缘植被保护区
生态敏感度高值区（1）区	最高	连通性好	极易受胁迫	自然植被保育区

■ 朗乡镇镇域生态格局优化示意图

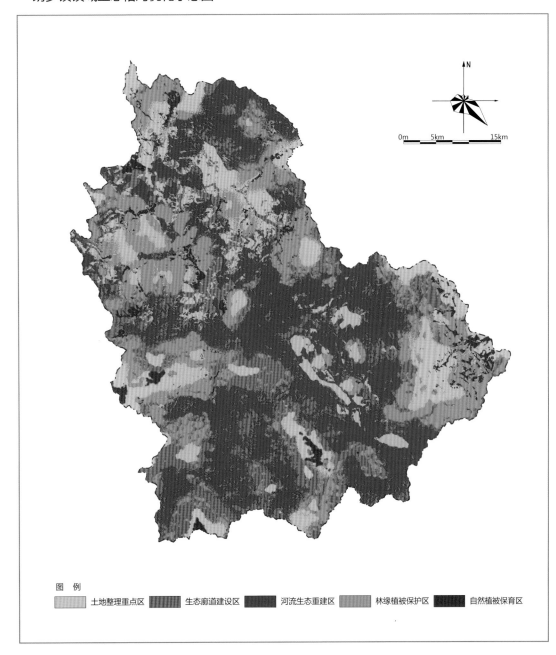

图 例
土地整理重点区　生态廊道建设区　河流生态重建区　林缘植被保护区　自然植被保育区

■ 朗乡镇林业景观结构图

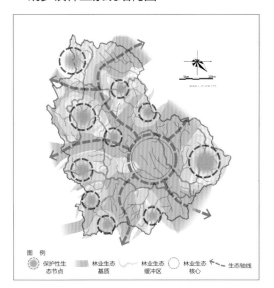

图 例
保护性生态节点　林业生态基质　林业生态缓冲区　林业生态核心　生态轴线

■ 朗乡镇生态斑块分布图

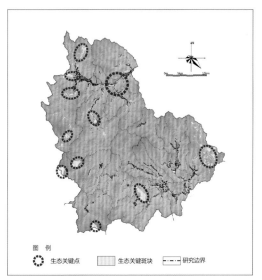

图 例
生态关键点　生态关键斑块　研究边界

■ 技术路线

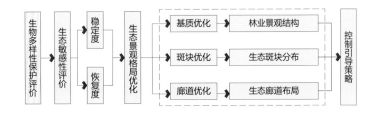

　　根据朗乡镇林业资源丰富，物种类型多样等基本情况，基于朗乡镇镇域生态系统的特殊性，通过构建生态敏感性评价指标体系对镇域生态景观格局进行优化，提出林业景观结构、生态斑块分布及生态廊道布局，以维护生物多样性和生态系统的稳定性，降低林业资源的紧缺耗竭风险，并根据划分的保护区提出相应的生物多样性保护方式及控制引导策略。

■ 朗乡镇生态廊道布局图

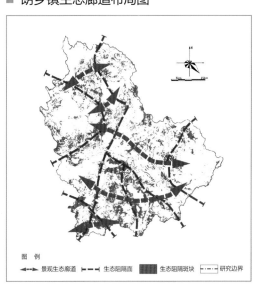

图 例
景观生态廊道　生态阻隔面　生态阻隔斑块　研究边界

镇域历史文化和特色景观资源保护利用
HISTORICAL CULTURE AND LANDSCAPE RESOURCES PROTECTION PLANNING

朗乡镇域内历史文化与特色景观资源丰富，有石林地质公园、石猴冰雪风景区、玉兔仙潭、红松林保护区、巴兰河自然保护区、红色抗联遗址等，规划结合历史文化和自然生态特点，兼顾保护与发展、生态可持续、特色突出与经济合理等原则，确定历史文化保护区、风景名胜区、自然保护区的范围。立足绿色可持续发展视角，将镇域划分为石林地质保护区、商务休闲度假区、原始森林保护区、巴兰河自然体验区、红色革命纪念区、五花顶原生态景观区等，针对不同的景观分区提出相应的控制引导策略。

■ 朗乡镇镇域历史文化和特色景观资源保护规划图

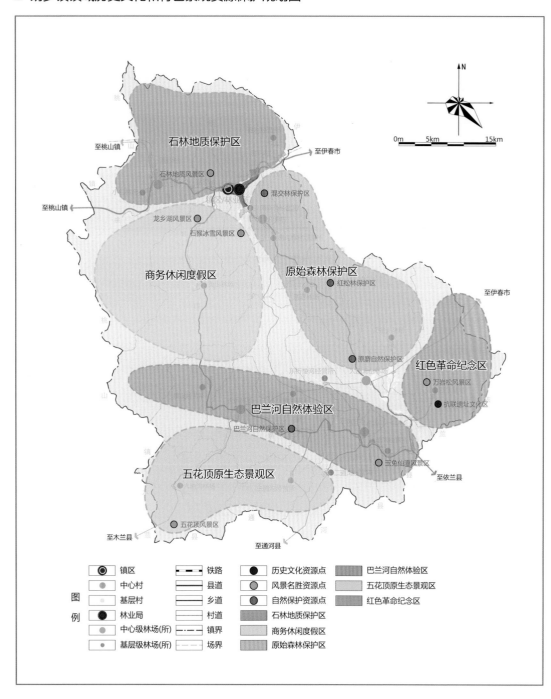

■ 特色景观分区及控制引导策略

分区类型 (重要资源点)	分区基本情况及控制引导策略
石林地质保护区 (石林地质风景区)	距朗乡镇西 6 公里，以奇特地质著称，是国家地质遗迹保护公园，园内动植物资源丰富。区内宜在人文景观和生态环境不受破坏的前提下，有限开发，并严格控制各项建设工程，在游路选线和建筑风格上应充分结合自然，不得砍伐林木，不得开采山石和破坏自然环境。提出景区内及周边特色景观风貌设计导则，包括统一建筑物外观风格，设置道路指引、节点休憩设施，标识古树名木、重要景观（佛手岩等），修葺游道等内容。
原始森林保护区 (混交林保护区 红松林保护区 原麝自然保护区)	混交林保护区是人工林和天然针阔混交并茂的森林公园。原麝自然保护区是针阔混交林带，是国家一级重点保护野生动物原麝的主要栖息地。红松林保护区是较为典型的以红松为主的针阔叶混交原始林。规划宜最大限度保留区内原有自然生态系统，注重珍稀物种的生境保育。经济发展应以提供生态产品与生态服务为重心，严格控制各项建设工程，禁止工业项目进入，现有的应考虑关闭或搬迁。禁止任何形式的毁林、开荒等破坏植被的行为，加强生态公益林保护与建设，提升区域水源涵养和水土保持功能。
红色革命纪念区 (抗联遗址文化区)	抗联遗址文化区是抗联三、六军，联军电讯学校，三军被服厂，下江留守部队，三路军小部队曾战斗过的地方。可考虑建立文化馆、展览馆等，增强文物保护单位的教育和参观游览功能。
巴兰河自然 体验区 (巴兰河自然保护区 玉兔仙潭风景区)	玉兔仙潭风景区由巴兰河源头漂流河段、玉兔仙潭天然浴场、花卉园林等组成。万松岩风景区位于新东林场场区内，有原抗联遗址及画家村，以观奇松怪石和松岩湖为主。规划宜协调好巴兰河流域的生态保护与开发利用间的关系，禁止在主要河流两岸进行采石、取土、采砂等活动。禁止侵占水面行为，保护好河湖湿地；禁止除生态护岸建设以外的堤岸改造作业。
五花顶原生 态景观区 (五花顶风景区)	五花顶原生态景观区以独特的石海、偃松、森林苔藓、高山溪流、山花等原生态景观而闻名。景区以生态观光与休闲游乐为主，旅游开发和生态维育并举，设施建设宜充分考虑与自然环境的关系，控制开发强度与开发规模。禁止高污染、高能耗、高排放的企业进驻。禁止在主要河流两岸进行采石、取土、采砂等活动。禁止侵占水面行为，可考虑适当开发小型亲水设施。
商务休闲度假区 (龙乡湖风景区 石猴冰雪风景区)	龙乡湖休闲旅游区是在利用预建的龙乡湖水库及其周边区域进行观光、休闲、养生、度假以及商务会议等综合性旅游开发。石猴冰雪风景区现已开发为石猴山滑雪场，冰雪设施齐全。两区紧邻朗乡镇镇区，是服务接待设施主要建设区域和旅客集散地。规划宜妥善处理好管理、接待、交通、娱乐等方面的关系，各项设施的建设要与风景环境相协调，同时还要注意保护山林，加强绿化，形成良好的风景区前奏。

镇域现状综合分析

THE BASIC DATA AND THE CURRENT CONDITIONS

　　松花江农场位于依兰、通河境内，地处小兴安岭南麓松花江北岸，隶属哈尔滨农垦分局。场部位于哈肇公路 284 公里处，南侧滨临松花江。农场辖区总面积 88.79 平方公里，以耕地和林地为主，分为 5 个作业区，总人口约 7 683 人。松花江农场土地肥沃，农副产品资源丰富，年均粮食总产量达到 26 444 吨，平均单产突破 6 851 公斤。农业现代化程度较高，已全面推行农业生产规模化、农业机械标准化、农技措施全程化等，至 2010 年实现科技成果转化率 90%，农业全程机械化率达 95%，农业科技进步贡献率 70%。当前农业生产以种植业为主，约占一产的 58.2%，养殖业占 5.8%，林业占 3.7%，其他农业占 32.3%。松花江农场优越的自然环境、丰富的林木资源、现代化的生产需求、特有的区位优势，为生态旅游和农机产业的不断发展壮大提供了有力保障。

■ 松花江农场区位图

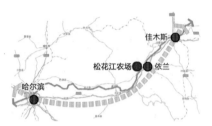

- 松花江农场在黑龙江省的位置　　・松花江农场在哈尔滨市的位置　　・哈尔滨市农场分布位置

■ 松花江农场综合现状图

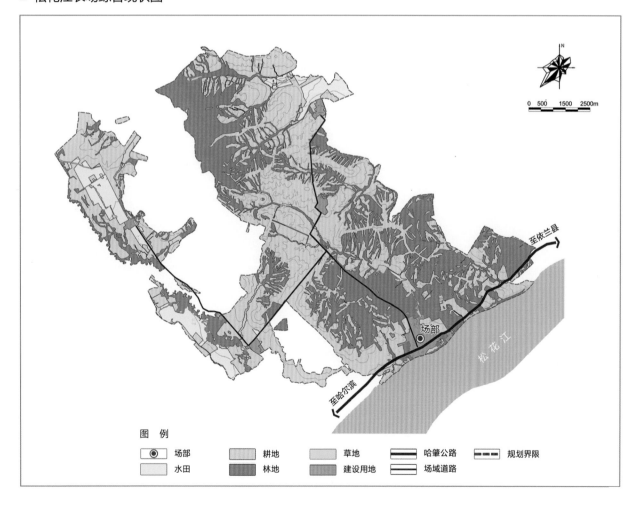

图例
◎场部　　耕地　　草地　　哈肇公路　　规划界限
水田　　林地　　建设用地　　场域道路

■ 松花江农场场域土地资源一览表

序号	项目名称		面积（公顷）	比例（%）
1	耕地	水 田	679	7.16
		旱 田	3 525	37.15
2	林 地		3 661	38.58
3	草 地		134	1.41
4	水 域		63	0.66
5	其他土地	居民点	748	7.88
		其他	121.8	1.28
	合计		8 743.9	100

■ 松花江农场场域水资源

　　松花江农场三面环水，背靠群山，水资源丰富，南抵松花江，西有小古洞河，东有巴兰河，两河一江 3 条水系，流经农场辖区内总长约 33 公里。地下水 193 万立方米，地表水 7 540 万立方米。

■ 松花江农场场域林业资源一览表

面积 \ 年份（年）	2006	2007	2008	2009	2010
森林总面积（万亩）	6.54	6.74	6.94	7.14	7.34
造林达成面积（万亩）	2.701	2.901	3.101	3.301	3.501
生态建设工程（万亩）	0.2	0.2	0.2	0.2	0.2
退耕还林及荒山荒地造林工程（万亩）	0.16	0.16	0.16	0.16	0.16
重点防护林工程（万亩）	0.02	0.02	0.02	0.02	0.02
营区绿化工程（万亩）	0.02	0.02	0.02	0.02	0.02
森林保护工程					
森林病虫害防治监控（万亩）	0.4	–	0.4	–	0.2
森林防火监控（万亩）	0.2	0.2	0.2	0.2	0.2
育苗工程					
苗圃建设（亩）	–	750	–	–	–
保护地育苗（亩）	–	–	–	–	–
天然林保护工程（万亩）	0.4	0.4	0.4	0.4	0.4

　　松花江农场林业用地面积达 67 948.5 亩，有林地面积达 37 315.5 亩，林木蓄积量达 126 398 立方米，生态林面积 41 203.5 亩，其中重点生态林 9 504 亩、一般生态林 31 699.5 亩，商品林 26 745 亩；现有林地面积集中分布在场域西侧和东侧，连片发展，生态效应较好。

松花江农场农业生产现状图

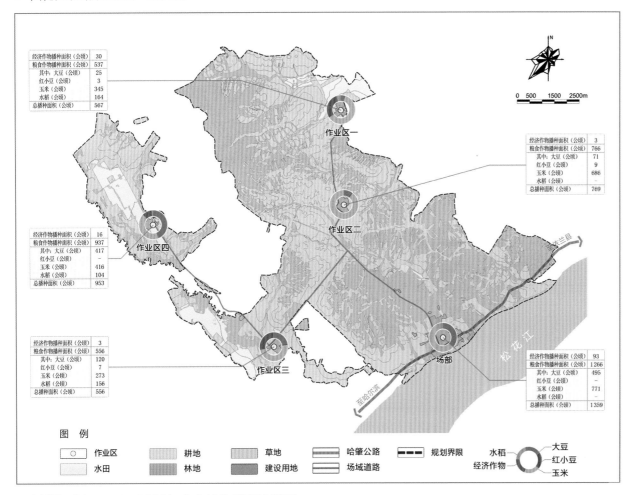

松花江农场2000~2011年产业结构状况柱状图

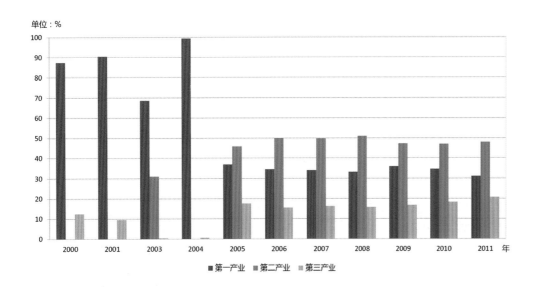

2000年至2011年底，松花江农场产业结构比重由87.5:0:12.5调整到31.2:48:20.8，2013年产业结构比重达到22:64:14，第二产业比重显著提升。近十年来，第一产业发展速度平稳；第二产业在2004~2006年迅速发展，且明显高于其他两个产业的发展；相比之下第三产业为第一、二产业所提供的信息服务、资金融通等服务发展相对滞后。

松花江农场粮豆产量情况一览表

指 标 名 称	总产量（吨）	播种面积（公顷）	单产（公斤/公顷）
2005年粮豆总产量（吨）	16 955	3 762	4 507
其中：水 稻	1 680	258	6 512
玉 米	11 171	1 469	7 604
大 豆	3 880	1 979	1 961
2006年粮豆总产量（吨）	23 615	3 775	6 256
其中：水 稻	1 908	259	7 367
玉 米	17 374	1 877	9 256
大 豆	4 333	1 639	2 644
2007年粮豆总产量（吨）	25 277	3 781	6 685
其中：水 稻	2 840	348	8 161
玉 米	19 766	2 149	9 198
大 豆	2 671	1 284	2 080
2008年粮豆总产量（吨）	25 007	3 787	6 685
其中：水 稻	3 320	356	9 326
玉 米	18 509	2 007	9 222
大 豆	3 178	1 424	2 232
2009年粮豆总产量（吨）	26 444	3 860	6 851
其中：水 稻	3 963	424	9 347
玉 米	19 240	2 088	9 215
大 豆	3 241	1 348	2 404
2010年粮豆总产量（吨）	30 008	4 062	7 387
其中：水 稻	4 096	424	9 660
玉 米	23 249	2 491	9 333
大 豆	2 632	1 128	2 333

松花江农场人口变动情况一览表

年份（年）	农场域总人口（人）	户籍人口（非农）（人）	户籍人口（农业）（人）	外来常住人口（人）	出生人口（人）	死亡人口（人）	迁入人口（人）	迁出人口（人）
2004	5 196	5 107	102	298	40	23	22	124
2005	5 163	5 093	70	308	31	22	28	70
2006	5 038	4 971	67	362	32	35	24	47
2007	4 973	4 911	62	405	19	45	21	55
2008	4 923	4 863	60	517	23	33	38	78
2009	4 860	4 807	53	652	15	37	24	67
2010	4 795	4 747	48	715	19	22	16	35
2011	4 770	4 734	36	754	20	35	39	53
2012	4 753	4 720	33	643	22	30	31	41
2013	4 703	4 672	31	614	26	29	22	69

十年内松花江农场场部人口基本维持在5 000人左右，近几年由于农场人口需求的特殊性造成负增长现象。规划农机产业园和农机大市场会带来大量的劳动力需求，吸引大量人流，因而农场场部的户籍人口机械增长率将大幅增长，场部寄住人口变化主要由农机产业员工通勤引起。

场域绿色产业规划
TOWNSHIP GREEN INDUSTRY LAYOUT PLANNING

松花江农场第一产业发展平稳，各作业区现状以种植玉米、水稻、大豆为主，部分作业区开展了生猪和奶牛养殖。松花江农场第二产业以农机维修、组装、生产为主，近年来发展较为突出，在经济总量上占绝对领先地位，场域内现有工业企业50家，其中农机制造企业41家，从业人员1024人，设备484台套，运输车辆21台，资产总额3730万元。农机产品产量达2.1万台套以上，包括三大类四个系列20多个产品，如精密播种机、水稻大棚育苗播种覆土机、粉土机等，并拥有专利12项，产销量居全省第一。松花江农场第三产业发展相对缓慢，尤其是对场域内滨水和森林景观等旅游资源利用度不够，相关服务配套落后。

● 2000~2010年松花江农场社会总产值发展状况统计表（单位：万元）

年份（年）	2000	2001	2002	2003	2004	2005	2006	2007	2008	2009	2010
总产值	2 533.7	2 937	3 080	5 095.9	4 134.8	8 304.3	11 021.2	12 606.3	1 545.7	21 213.3	25 880.2
第一产业	2 215.6	2 659	1 688	3 496.9	4 109.2	3 051.7	3 794.4	4 267.96	5 094.3	5 901.1	6 929.4
第二产业	–	–	800	1 580		3 800	5 500	6 284	7 800	12 162	15 059.5
第三产业	318.1	278	592	19	25.6	1 452.6	1 726.8	2 054.4	2 450.2	3 150.2	3 891.3

■ 松花江农场场域产业分布现状图

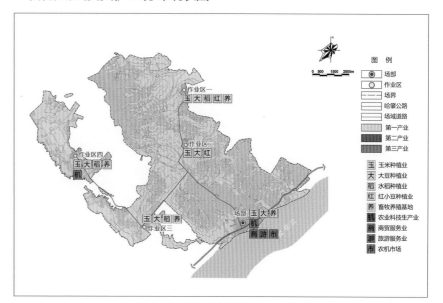

■ 松花江农场场域绿色产业空间布局规划图

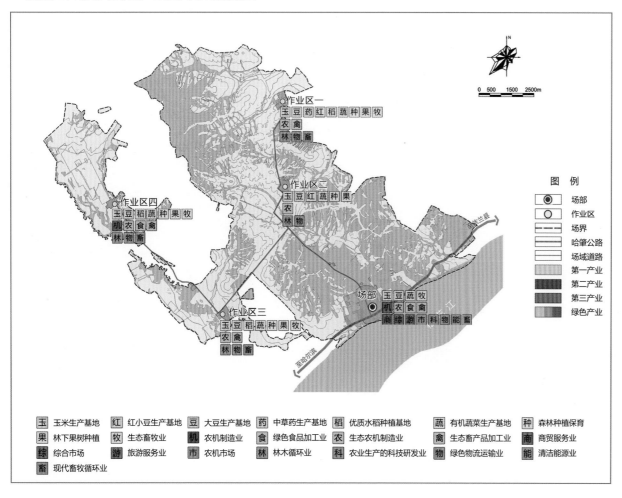

■ 松花江农场农机企业现状一览表

序号	工业名称	用地面积（m²）	职工人数	销售渠道	设备数量
1	维田注塑厂	485	6	本省	3
2	长江机电配件厂	1 200	6	本省	10
3	永鑫制造厂	4 500	12	本省	12
4	宏利机械厂	3 000	4	本省	30
5	注塑厂	1 100	5	本省	3
6	益铭农机	500	4	本省	12
7	宪玉机械厂	800	5	东三省	10
8	依兰机械制造总公司	5 000	10		12
9	民利机械厂	7 000	20	东三省内蒙、宁夏	30
10	田宝制造厂	1 100	4	本省	8
11	福来收割机厂	900	20	本省	20
12	合兴农机制造厂	2 000	3	本省	9
13	通达机械厂	50	1	本省	2
14	丰收制造厂	600	0	省外	10

松花江农场产业规划以绿色、可持续为核心理念，重点发展绿色农作物种植、生态养殖、农机循环制造产业及生态旅游产业等。在各作业区内开展优质水稻种植、有机果蔬生产、生态禽畜养殖等绿色农业生产活动，并完善相配套的绿色农产品初加工、仓储、物流运输等产业链。在农机产业园区开展回收、维修、加工、重组，实现农机资源的循环再利用。挖掘场域内滨水及森林景观的旅游潜力，完善相应的旅游服务体系，发展生态旅游业。

■ 松花江农场绿色农业区划图

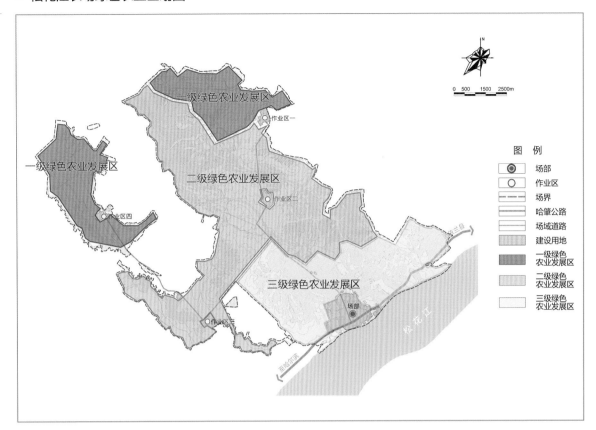

• 绿色农业分片区保护控制与开发利用引导一览表

分类	范围	保护控制与开发利用策略
一类绿色农业发展区	主要为土壤肥力优越、空气环境条件良好、与水源距离便于灌溉、水质良好、与建设用地有一定距离、远离公路及工矿企业的耕地、草地及林地。	为重点发展绿色农业区域，区域内严格控制可开发范围及强度，保护原有农田生态系统，依托原有环境条件，在环境承载力允许的条件下，引入棚室种植、设施农业等手段辅助绿色农业生产。
二类绿色农业发展区	主要为土壤肥力较好、空气环境条件较好、与水源距离可以灌溉、水质较好、与建设用地相对较近但仍有一定距离、与公路及工矿企业有一定距离的耕地、草地及林地。	为适当发展绿色农业区域，区域内原有环境条件较好，可依托原有农田生态系统，将传统农业与绿色农业配合发展。
三类绿色农业发展区	主要为土壤肥力及空气环境条件合格、与水源距离可以灌溉、水质基本满足使用要求、与建设用地较近的耕地、草地及林地。	为有条件可以发展绿色农业的区域，需适当筛选并使用一些技术手段调节区域内原有环境条件，从而发展绿色农业。

■ 松花江农场农机产业园模式

　　松花江农场农机产业园重点开发拖拉机动力机械、新型农机具、收获机械、畜牧机械和农副产品加工机械及配套零部件，依托现有松花江农场的地域优势、农机市场的优势、东北老工业基地的产业基础优势以及其他科研机构形成的人力资源优势，有力吸引企业、技术，建设集研发、生产、配套、物流及市场销售为一体的结构合理、高速增长的新型农机装备制造产业基地，遵循集约利用土地、节约资源、绿色生产的基本原则，建设技术水平先进、企业集聚、制造规模适当的农机装备制造低碳产业集聚区。

　　松花江农场农机产业园区位于场部北侧，规划建设用地 80 公顷。共分 4 个主要功能分区：拖拉机及农机具总装区，用地约 25 公顷；农机件配套制造区，用地约 25 公顷；农机装备流通区，用地约 25 公顷；农机装备研发、会展中心、管理服务、生活区，用地约 5 公顷。

• 建设农业机械产业园项目一览表

分类	内容
水稻生产全程机械化装备技术创新和制造中心	为垦区、黑龙江农村及周边省区的水稻生产提供先进装备和技术支持。引进建设年产 3 000 台（套）水田拖拉机制造公司 1 家、年产 5 000 台（套）水稻工厂化育秧设备制造公司 2 家、年产 3 000 台（套）水田整地机械制造公司 2 家、年产 2 000 台水稻快速高性能插秧机制造公司 1 家。
农业装备流通市场	垦区农机装备的采购中心的分支机构。引进和建设农机流通企业，重点建设农机装备流通市场。引进旧农机装备收购、分拆、修复、鉴定、流通企业。
大马力拖拉机及配套农具的装配和制造中心	引进建设大功率拖拉机、大型耕播农具制造公司 4 家、中小型耕播农具制造公司 5 家。
玉米收获机制造公司	生产自走式 4 行、6 行玉米收获机。
畜牧机械制造公司	主要生产草捆捡拾打捆机、TMR 饲料加工机械、挤奶机械和制冷机械、厩肥抛洒车和畜禽粪便处理设备。
研发中心	现代农机装备研发中心和旧农机装备再生利用研发中心。形成吸引高素质人才和服务于高新技术产业环境。
现代寒地垦作机械试验基地	建设大功率发动机性能实验室、底盘性能实验室、电器电子系统实验室、液压系统实验室、排种器性能实验室、喷雾性能实验室等科研设施。
农机零部件加工区	配套加工总产能 10 亿元的零配件加工企业若干，为农具制造配套。

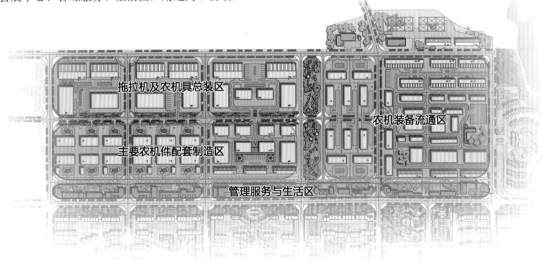

　• 农业机械产业园模式平面示意图

场域空间布局规划
TOWNSHIP SPATIAL DISTRIBUTION PLANNING

■ 松花江农场场域空间布局规划图

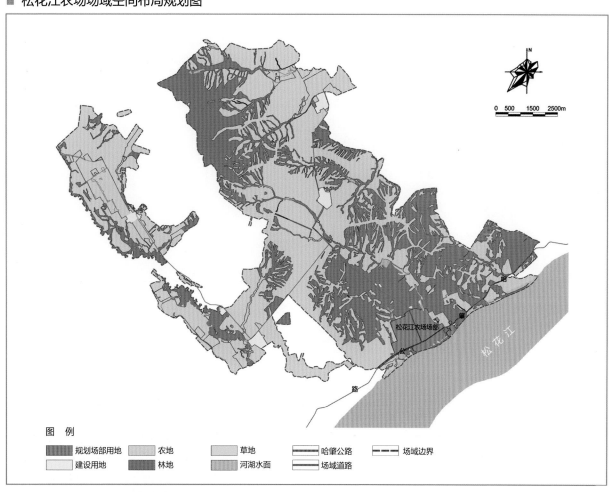

在进行松花江农场场域空间布局规划时，充分考虑场域内农田和林地的分布形态，突破场域内林地的限制性因素，围绕各作业区采用组团式发展策略，在原有场部发展基础上，挖掘空间与景观资源，拓展土地高效利用和经济增长途径；重点发挥哈肇公路、松花江沿岸和哈同高速公路的经济带动作用，充分挖掘松花江滨水景观区的开发潜力，形成主要发展轴；同时，结合场域道路与其所联系的各个作业点组团形成场域次要发展轴，促进场部的整体功能和经济结构的完善与发展。

以可持续发展为导向，在进行场域空间布局规划的过程中，结合场域现状条件与未来发展需要，提出各类用地空间的开发利用、设施建设、生态保育等措施。

■ 松花江农场场域空间结构规划图

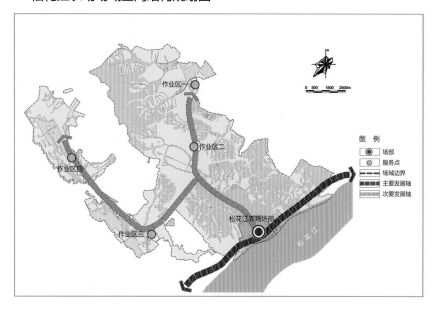

• 松花江农场场域空间利用一览表

用地类型	开发利用	设施建设	生态保育
建设用地	场部建设用地；作业区建设用地	公共服务设施；基础设施；防灾减灾设施等	构建完善的场区绿化系统；滨水绿带建设
林地	林业基地；林下经济区；旅游业	林业管理设施；森林消防设施；旅游服务设施等	依照树种珍惜度对幼龄林、中龄林、近成过熟林进行严格保护
草地	生态畜牧业；养殖业基地；生态观光区	牧业管理设施；旅游服务设施等	严格保护禁牧草地
农地	农作物种植业；生态农业；循环农业	棚室种植设施；节水灌溉设施；农产品仓储设施等	严格保护基本农田
水域	水产养殖业；滨水旅游基地；农业灌溉	取水设施；灌溉设施；旅游服务设施等	严格控制水面范围，保护水体质量

■ 松花江农场场域林地区划图

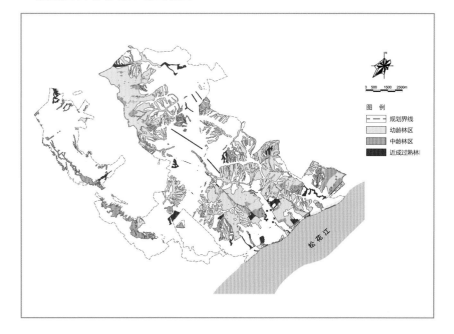

根据生态环境保护、资源利用、公共安全与基础设施等条件，将松花江农场场域内各类用地进行不同的空间管制引导，划定禁建区、限建区和适建区。林地均划为禁建区，但对幼龄林、中龄林、近成过熟林分别制定不同程度的建设控制措施，而水域、耕地、草地等则根据具体条件划分为禁建区和限建区两类。

· 各用地类型空间管制一览表

用地类型		空间管制	用地面积（hm²）	总用地占比
林地	幼龄林	禁建区	3 661	41.23%
	中龄林	禁建区		
	近成过熟林	限建区		
耕地	水田	禁建区	4 204	47.35%
	旱田	禁建区/限建区		
草地		限建区	134	1.51%
建设用地		适建区	815.9	9.19%
水面		禁建区	63	0.72%

■ 松花江农场场域空间管制规划图

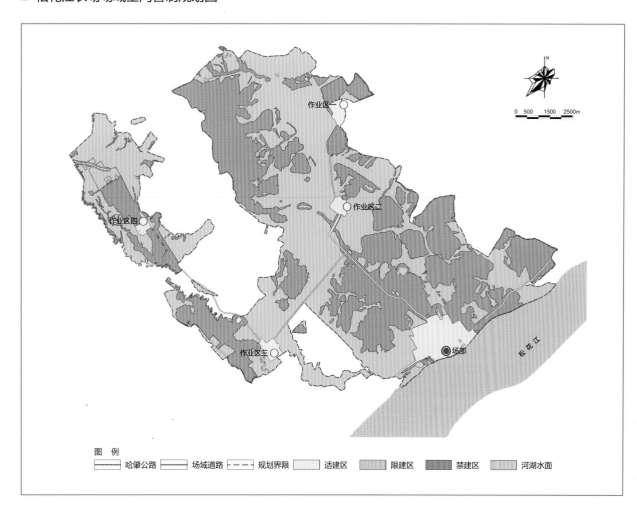

1. 禁止建设区：以生态与环境保护等为主导用途，严格禁止开展与主导功能不相符的各项建设的空间区域，主要包括自然保护区、基本农田保护区、水源地保护区、生态公益林、水土涵养区、湿地等。

管制要求：区内土地的主导用途为生态与环境保护，严格禁止与主导功能不相符的各项建设；除法律法规另有规定外，规划期内禁止建设用地边界不得调整。

2. 限制建设区：限制建设区为附有限制准入条件可以建设开发的地区，对各类开发建设活动进行严格限制，确有必要开发建设的项目应符合国家相关法律规范及农场全局发展的要求，并应严格控制项目的性质、规模和开发强度，适度进行开发建设。

管制要求：区内土地主导用途为农业生产，是发展农业生产、开展土地整治和农田建设的主要区域；区内禁止镇、村建设，控制基础设施和独立建设项目用地。

3. 适宜建设区：适宜建设区是松花江农场适宜进行建设开发的地区，可以直接依法开展城乡建设用地利用和建设行为的空间区域。

管制要求：区内新增城乡建设用地受规划指标和年度计划指标约束，应统筹增量与存量用地，促进土地节约集约利用。

场域生产居住体系规划
PRODUCTIVE AND RESIDENTIAL SYSTEM PLANNING

根据垦区农业现代化、居住社区化等发展需求，将松花江农场场域内各作业区居民点撤销，集聚到场部，原作业区居民点用地改为生产建设服务点用地。在原有"场部+作业区居民点"模式基础上规划形成"场部+生产服务点"的生产居住体系。以场部为增长极核，完善居住、公共服务、基础设施等各类生活功能，吸引周边人口的集聚，依托哈肇公路、滨水岸线，发展多元化产业及配套服务，重点建设农机产业和滨江休闲产业。在场部外围地区，根据各作业区的农林生产需求，配套不同类型的生产服务点，构建场域绿色、高效、可持续的生产配套服务体系。协调居住、生产的相关关系，重视场部、生产服务点之间的有机协作，加强场部对生产服务点的技术、设备支持，提高各作业区生产效率；重视服务点之间的合作联系，加强各类生产服务设施的综合利用，实现集约、高效发展。

■ 松花江农场场域生产居住体系模式

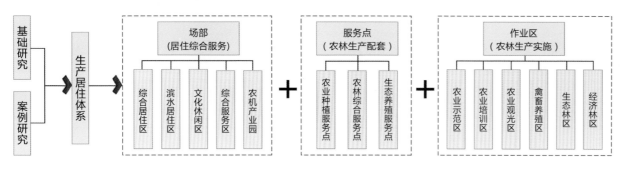

■ 松花江农场场域生产居住体系规划图

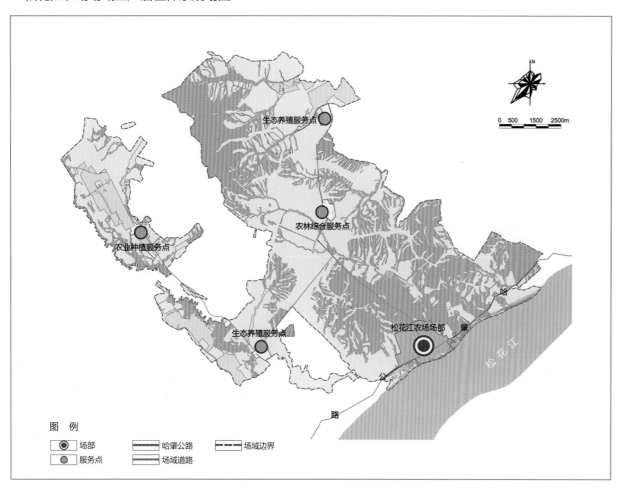

■ 场部建设模式

人口特征：松花江农场作为企业单位，其辖区范围内的居住人员虽大多从事农业生产活动，但大多为企业职工，为非农户籍。因此，松花江农场的城镇化率较高，近十年来的城镇化率一直维持在98%以上，场部人口呈现从事农业生产比率高、城镇化率数量高的特殊现象。

用地特征：场部现状建设用地结构不合理、空间布局混乱，现状工业用地分布较零散，与居住用地交叉布局严重。规划综合考虑用地比例与布局，形成集约、紧凑发展的空间结构。

服务设施：重点完善各类生产型和生活型服务设施的建设。沿主要道路布置商业服务设施，加强场部各类公共服务设施的配套；考虑未来旅游业的发展，在滨水区规划旅游服务设施用地；以农机产业园为主，大力发展农机市场，发挥集聚效应，形成具有一定规模和经济实力的农机产业中心。将场部建设为场域内宜居、宜业、宜休闲的综合服务中心。

■ 生产服务点建设模式

根据农场产业发展需求及周边作业区生产服务需求，在场域内规划形成2个生产养殖服务点、1个农业种植服务点和1个农林综合服务点。各生产服务点在配置设施上各有侧重，并通过场域内快捷的道路交通体系，实现互补、共享。

• 生产服务点控制引导策略表

服务点	控制引导策略
农林综合服务点	位于场域中心位置，周边耕地、林业资源丰富，主要配套农林技术服务站、农机仓库、林场监管站等，为周边农林用地提供技术支持与设备支持，并为农场工作人员提供休息活动场所。
农业种植服务点	位于场域西侧，配建生态种植设备库等，为周边的水稻生态种植、温室大棚等提供服务；同时，结合休闲观光农业、采摘园的发展，配建部分旅游服务设施、休闲娱乐设施等。
生态养殖服务点	分布于场域南北两侧，在原有养殖小区的基础上发展而来，构建生猪养殖、奶牛养殖以及兔、貂等特色养殖为一体的综合养殖基地，配建物流仓库、疫病监测站、禽畜废弃物循环利用设施等。

松花江农场场域供水供能规划图

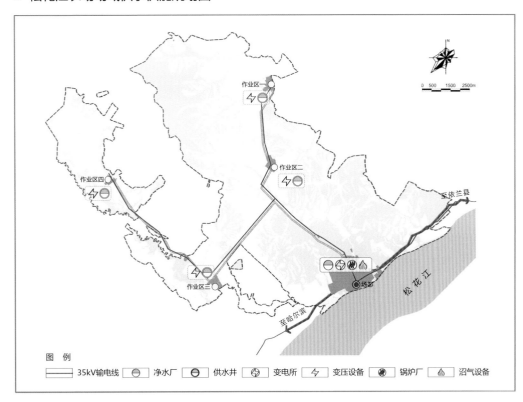

图例
　▭ 35kV输电线　⊖ 净水厂　⊖ 供水井　⊕ 变电所　⚡ 变压设备　⊕ 锅炉厂　△ 沼气设备

松花江农场场域公共服务设施规划图

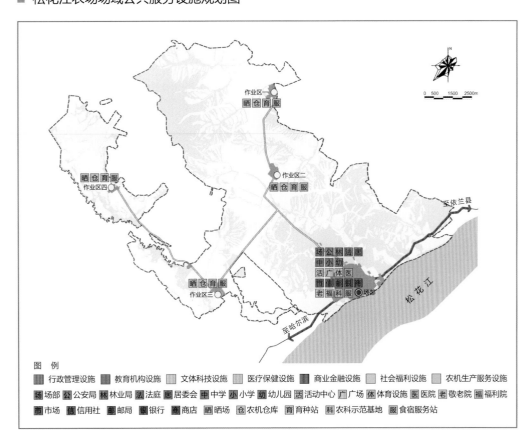

图例
■ 行政管理设施　■ 教育机构设施　□ 文体科技设施　□ 医疗保健设施　■ 商业金融设施　□ 社会福利设施　□ 农机生产服务设施
场 场部　公 公安局　林 林业局　法 法庭　居 居委会　中 中学　小 小学　幼 幼儿园　活 活动中心　广 广场　体 体育设施　医 医院　老 敬老院　福 福利院
市 市场　信 信用社　邮 邮局　银 银行　商 商店　晒 晒场　仓 农机仓库　育 育种站　科 农科示范基地　服 食宿服务站

场域供水供能及公共服务设施规划
INFRASTRUCTURE AND PUBLIC SERVICE FACILITIES

　　供水供能规划以完善基础设施建设、保证居民生产生活需要为出发点，以保障居民生活安全、促进生态环境可持续发展为目标，综合考虑环境效益、经济效益、社会效益，实现基础设施的分步实施、后期维护、安全到位。根据场域的空间发展结构，构建相配套的供水供能体系。在场部内采取集中供水、供热模式，建设集中供水厂和锅炉房；而各作业区服务点采取分散式、独立供水供热，根据各作业区现实条件，选取合理的水源点和供热方式。而电力线路则需全面完善，实现场域电能全覆盖，为农业生产、日常生活等提供充足保障。

● 松花江农场供水供能方案

名称	供水方式	水质标准	供电方式	供热方式	燃气方式
场部	净水厂	水质达标	国家电网	集中供热	沼气
作业区一	水井供水	水质达标	国家电网	煤、秸秆	罐装燃气
作业区二	水井供水	水质达标	国家电网	煤、秸秆	罐装燃气
作业区三	水井供水	水质达标	国家电网	煤、秸秆	罐装燃气
作业区四	水井供水	水质达标	国家电网	煤、秸秆	罐装燃气

　　松花江农场公共服务设施规划需利用原有基础条件，巩固提升现有公共服务设施，并因地制宜，考虑场域发展具体条件，适当增加公共服务设施配置，以场部为核心，实现区域内公共服务设施共享，形成场域公共服务设施网络体系。场部公共服务设施规划重点完善、升级现有服务设施，以满足松花江农场的未来发展需要，补充、增加欠缺的服务设施，如在现有公共服务设施基础上增建法庭、居委会等行政管理设施，幼儿园等教育机构设施，体育场地、活动中心等文体科技设施，商店、小卖部等商业金融设施，敬老院、福利院等社会福利设施。各作业区内的生产服务点，重点增加晒场、农机仓库、育种站、食宿服务站等为农林生产服务的公共设施。

场域特色景观资源保护利用

LANDSCAPE RESOURCES PROTECTION PLANNING

松花江农场历史文化资源相对较少，并主要集中在场部，但特色生态景观资源丰富，包括农地、林地、沼泽、草甸、沟塘、山岭及河流等多种类型，其中森林景观资源尤为突出，森林覆盖率40%以上，生长有云杉树、红松树、柞树、椴树、桦树、柳树、榆树、水曲柳、黄菠萝树、山梨树、山丁子树、山里红和核桃秋等树种，提供了松籽、山葡萄、山核桃、山梨、山丁子、人参等特色山产品以及良好的森林景观资源。

规划兼顾生态环境友好与经济合理的原则，在历史文化与生态环境保护优先的基础上，充分开发场域内的特色景观资源，规划形成滨水休闲体验区、现代农业观光区、森林生态景观区、绿色农业休闲区和人文景观风貌区。在特色景观资源分区的基础上，规划合理的景观体验路线与行程安排，结合特色景观资源点规划旅游项目，开发观光游览、度假休闲、生产体验、购物消费等丰富多样的旅游项目。重点挖掘生态林木景区与松花江滨水景区的潜力，加强旅游服务设施与生态保护设施的建设，在保护现有景观资源的基础上也为农场发展提供新的经济增长点。

■ 松花江农场场域旅游线路规划图

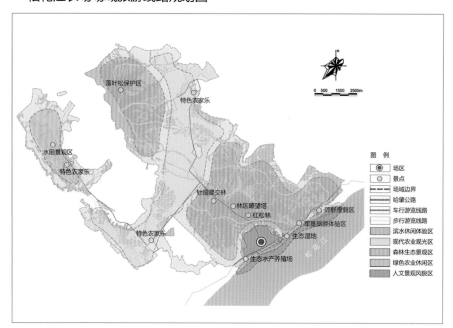

■ 松花江农场场域特色景观资源保护规划图

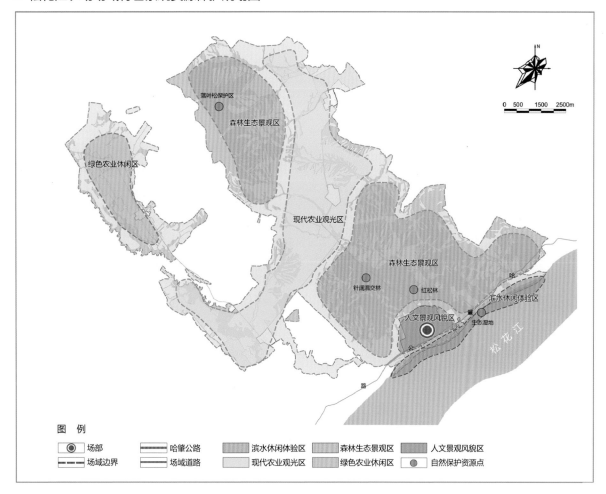

• 场域特色景观分区保护引导策略表

分区类型	控制引导策略
滨水休闲体验区	从生态保护和经济发展的双重角度出发，以建设生态岸线、实现水岸互动、开展生态养殖、提升水岸价值的发展目标为导向，综合开发滨水休闲体验区。
森林生态景观区	根据树木珍稀度对幼龄林、中龄林、近成熟林采取不同的保护与利用措施，严格控制开发建设活动，最大限度保留区内原有生态系统。旅游体验设施采用原生态设计，与周边自然环境相协调。
人文景观风貌区	坚持有机更新理念，保留原有历史遗存，留住场部文脉，形成松花江农场特色风貌。完善场部建设的同时，对风貌特色建筑进行再创造，从建筑形态、色彩等方面突出场部风貌特色。
绿色农业休闲区	区内大力发展绿色农业，开发立体种植、棚室种植等种植技术，并设计相应的特色采摘、观光体验活动，结合农产品展销发展休闲度假产业。
现代农业观光区	区内具备优越的现代农业发展条件，规划大力发展循环农业、生态农业和规模化农业，结合农业景观与生态农产品发展特色农家乐，通过种养结合、有机循环的形式带动区域发展。

镇域现状综合分析

THE BASIC DATA AND THE CURRENT CONDITIONS

　　范家屯镇位于吉林省公主岭市东南部，距公主岭市区约30 km，东部紧邻长春，距长春市中心约15 km。京哈铁路、哈大高速客运专线、G102公路和哈大高速公路自西南-东北贯穿镇域。2010年，镇域总人口8.99万人，地域面积171.9 km²。其中，镇区总人口5.69万人，建设用地面积8.14 km²。全镇经济总收入为38.77亿元，农民人均纯收入8 415元/年。其中，一、二、三产业的比例为12%：46%：42%。范家屯镇是公主岭市域次级中心之一、全国乡镇企业示范区、全国小城镇建设试点镇、全国小城镇综合改革试点镇，是典型的第二产业带动型的乡镇。

■ 范家屯镇镇域综合现状图

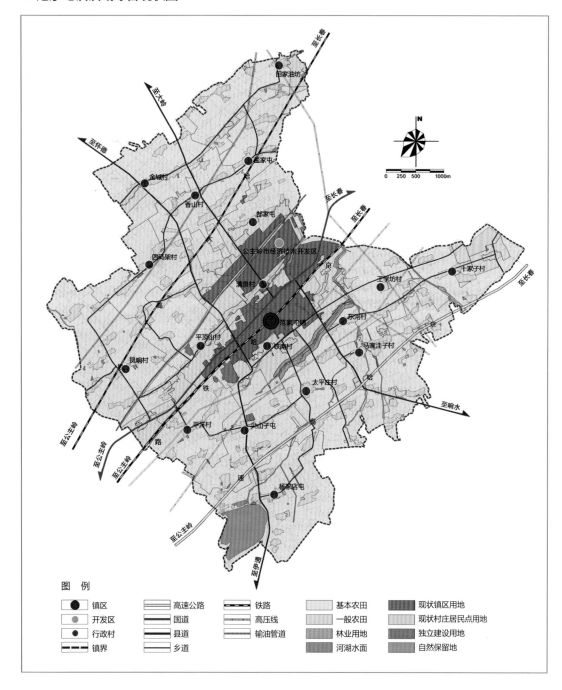

■ 区位图

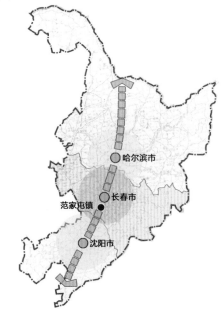

● 范家屯镇在东三省的位置

● 范家屯镇在吉林省的位置

● 范家屯镇在四平市的位置

■ 范家屯镇镇域产业布局现状图

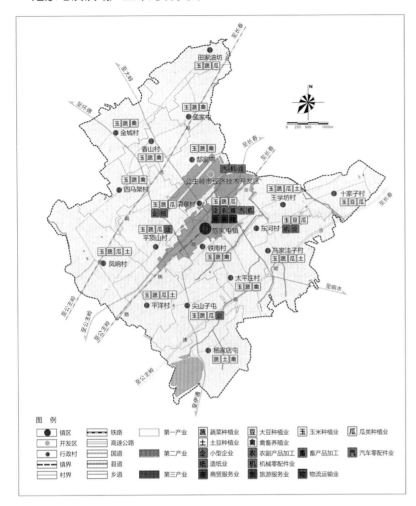

■ 经济发展

2010年，全镇社会总产值为387 724万元，比上年同期增长30%。其中，第一产业产值为46 676万元，比上年同期增长9.9%；第二产业产值178 038万元，比上年同期增长33.7%；第三产业产值为163 010万元，比上年同期增长32.8%。范家屯镇借力东北振兴规划、长春市"十二五"规划、长吉一体化发展等国家层面发展战略，经济实力稳步提升，经济结构及村镇空间格局正在逐渐发生变化并趋于合理化。

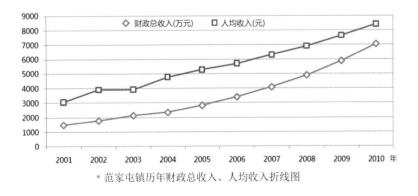

● 范家屯镇历年财政总收入、人均收入折线图

■ 范家屯镇人口规模

范家屯镇辖5个街道办事处、2个委员会，18个行政村，213个自然屯。其中街道办事处包括东街、西街、北街、永胜街、兴华街；委员会包括集体委、机关委；行政村包括平顶山村、凤响村、尖山子屯、太平庄村、马家洼子、王学坊村、田家油坊、孟家屯、金城村、四马架村、平洋村、杨家店村、香山村、郜家村、清泉村、东河村、铁南村、十家子村。

截至2010年末，范家屯镇总人口达到89 913人，其中非农业人口40 499人，农业人口49 414人。镇区常住人口56 869人，其中户籍人口52 411人，寄住人口4 458人。

● 范家屯镇镇域历年人口规模表

年份（年）	总人口（人）	男（人）	女（人）	农业人口（人）	非农人口（人）	户数
1999	97 784	49 540	48 244	45 927	51 857	29 440
2000	97 626	49 431	48 195	48 307	40 759	56 743
2001	97 502	49 195	48 307	40 759	56 743	29 137
2002	97 106	49 022	48 084	38 442	58 664	29 021
2003	97 206	49 053	48 153	38 714	58 492	28 062
2004	96 902	48 916	47 986	38 816	58 086	36 424
2005	88 767	44 922	43 845	44 554	42 213	31 470
2006	88 315	44 656	43 695	46 677	41 638	31 894
2007	88 329	44 679	43 650	47 137	41 192	32 738
2008	88 835	44 816	44 019	47 850	40 985	34 011
2009	89 391	45 084	44 307	48 693	40 698	35 568
2010	89 913	45 311	44 602	49 414	40 499	37 083

注：2005年方正村、泡子沿村、盛家村迁出9 476人

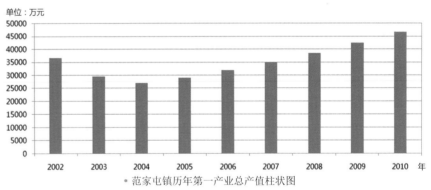

● 范家屯镇历年第一产业总产值柱状图

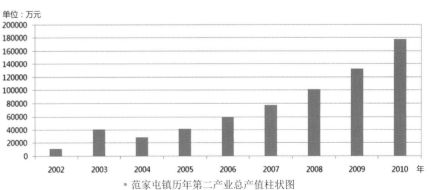

● 范家屯镇历年第二产业总产值柱状图

镇域绿色产业规划

TOWNSHIP GREEN INDUSTRY LAYOUT PLANNING

　　范家屯镇是第二产业带动型乡镇，借助邻近长春市、公主岭市的地理优势与经济辐射，汽车零配件生产加工、农副产品深加工等产业具有较好的资源基础与发展前景。产业发展亟待优化结构，转变经济增长方式，注重技术在产业增长中的贡献率，构建以二产为核心环节的产业链拓展体系。规划未来发展成为集综合物流、汽车零部件产业、高新科技产业、农副产品加工供应于一体的长春南部的卫星新城。

■ 范家屯镇镇域绿色产业区划图

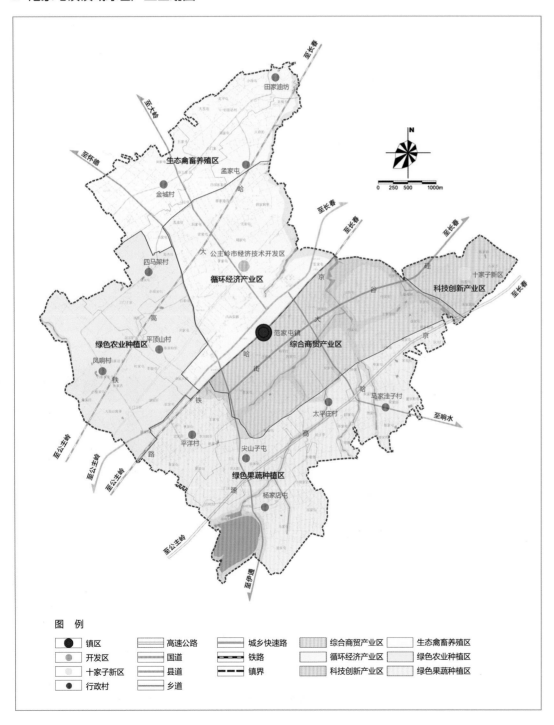

■ 范家屯镇职能性质定位

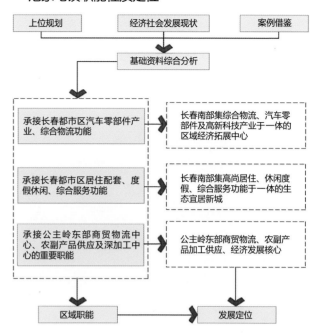

　　范家屯镇位于长春市南北轴线的西南拓展方向最有利的位置，经济关联紧密，应注重与长春的合作与对话。未来经济发展应根据自身条件，顺应区域战略目标，承接长春市、公主岭经济开发区汽车相关产业、居住服务配套、农副产品供应、综合商贸物流等重要功能，明确范家屯镇的主要职能与发展定位。

■ 范家屯镇绿色产业链发展示意图

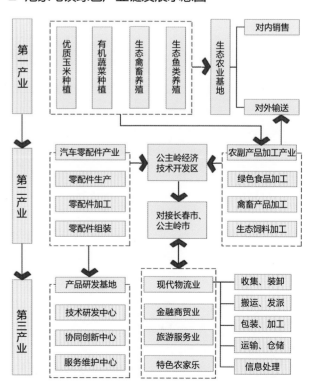

■ 范家屯镇镇域绿色产业空间布局规划图

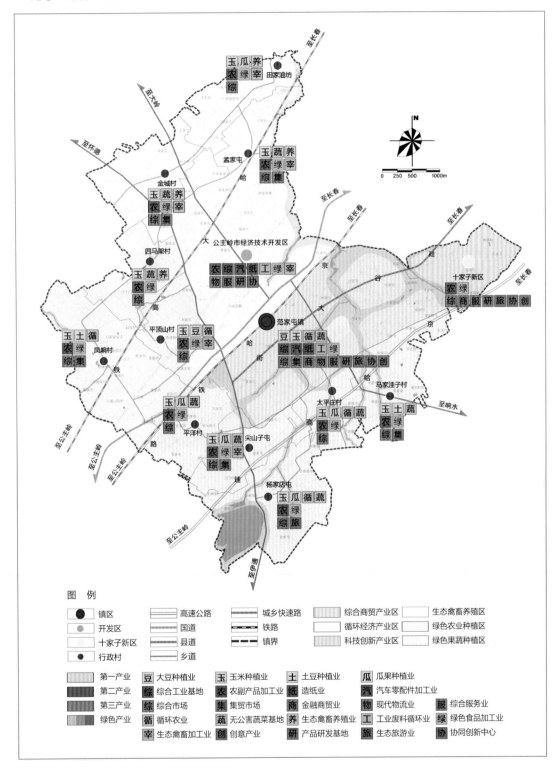

■ 范家屯镇职能结构规划图

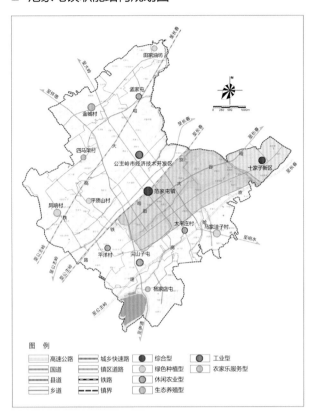

■ 汽车零配件产业链示意图

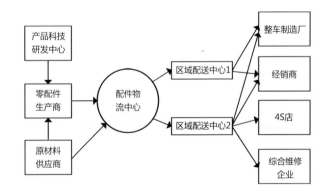

范家屯镇镇域产业空间布局应依托高速公路、国道等主要对外交通走廊，重点建设经济产业带，并积极推进公主岭经济技术开发区与十家子新城的建设。以玉米种植及农产品加工为基础，提高农业综合生产能力，加快农业现代化步伐；以新型工业化为目标，以发展生态型、集约型、循环型工业为导向，积极推荐汽车零配件产业发展的同时设立环境保护准入门槛；加强以现代物流和新兴服务为主的第三产业发展，逐步建立布局合理、功能完善、运行规范的第三产业体系，培育镇域经济新的增长点。

范家屯镇应充分发挥区位优势和土地资源优势，继续大力发展汽车零配件产业，并注重产业链的延伸与完善。在零配件生产加工的基础上，拓展产品开发、技术创新、后勤维护、信息共享等功能，形成生态、集约、高效、可持续的汽车零配件产业集群以对接长春汽车产业。

物流协同运作是汽车行业供应链协同管理流程、协同整合的重要内容。在汽车零配件产业集群的基础上，还应大力发展现代物流业，实现零配件供应商与制造商、制造商与制造商、制造商与销售商之间的有效协同。构建基于价值网链的物流协同运作体系，支持整个行业供应链的物料流及其采购、生产、运输、配送、销售等诸多环节。

镇域空间布局规划
TOWNSHIP SPATIAL DISTRIBUTION PLANNING

范家屯镇交通优势明显，高速公路和102国道穿过镇域，按照"适度集中、组团布局"的原则，构建以高速公路、102国道及省道为骨架的"网络状"空间发展轴带，形成镇域村镇布局的总体框架，推进发展轴两侧村镇的共同发展，强化镇域内部村镇间经济联系，提升空间集聚效应，合理组织镇域空间布局，形成"一心—六区—四带—多廊"的开放型空间格局。同时，提高"网络状"轴带与外围城镇的空间关联度，增强相互间的区域协作，促进人口、资源、经济的相互流动。

■ 范家屯镇镇域空间布局规划图

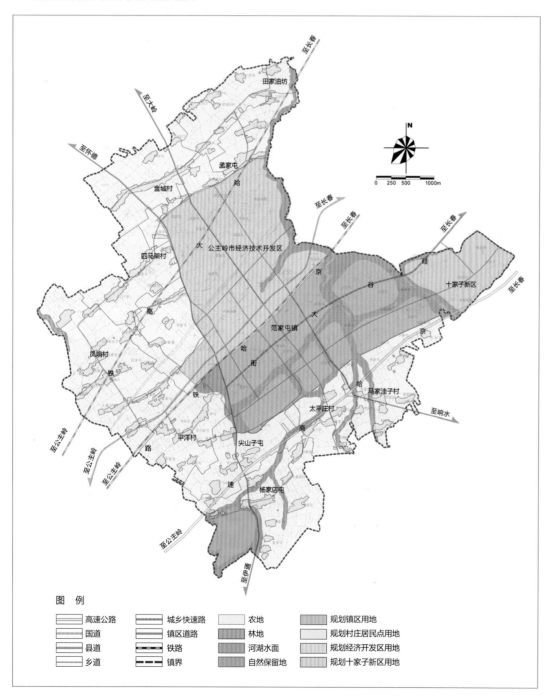

■ 双泉镇镇域空间结构规划图

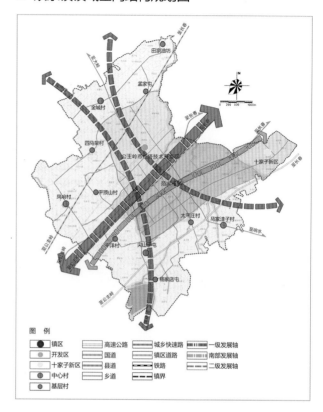

一心：范家屯镇镇区；六区：分别为综合商贸产业区、循环经济产业区、科技创新产业区、生态禽畜养殖区、绿色农业种植区、绿色果蔬种植区；四带：沿主要对外交通廊道（102国道、硅谷大街、63县道、64县道）形成横纵四条经济带；多廊：沿镇域主要水系（新开河、平洋河、杨柳河等）形成多条绿色廊道。

根据范家屯镇现状基础条件和发展潜力，确定纵横各两条发展轴线：依托高速公路及铁路的建设，沿国道形成连接公主岭市与长春市的镇域一级发展轴，周边村屯主要包括平顶山村、凤响村以及平洋村等。依托长春市硅谷大道的建设，加快周边地块的开发，形成与一级发展轴平行的南部发展轴；依托县道在镇域范围内形成两条南北向二级发展轴，周边村屯主要包括尖山子屯、杨家店村、金城村、四马架村及马家洼子村。

在镇域空间结构发展引导下，进行全域空间的布局与管控，划定镇域水面、林地、农地、草地、城镇建设、基础设施等用地空间范围，结合气候条件、水文条件、地形状况、土壤肥力等自然条件，提出各类用地空间的开发利用、设施建设和生态保育措施。根据第二产业发展需求，重点确定镇域内产业园区建设用地的规模和布局，分别划定保留的原有建设用地和新增建设用地的范围。

■ 范家屯镇空间管制规划图

图 例

高速公路	城乡快速路	输油管道	禁建区
国道	镇区道路	高压线	限建区
县道	镇界	铁路	适建区
乡道	村界	河湖水面	

根据现状土地发展潜力、用地类别、资源条件、环境承载容量、生态保护要求，对镇域空间土地进行辨识，划定镇建设空间、村庄建设空间、农业发展空间、生态敏感空间、重大基础设施防护空间5个属性分区，进而划定禁建、限建、适建的范围并提出各区控制与引导要求。其中，禁止建设区主要包括自然保护区、基本农田保护区、一级水源地保护区、生态公益林、水土涵养区、生态湿地等；限制建设区主要包括镇域内的一般农田、水库以及部分河流水域、高速公路两侧100米范围内等；适宜建设区主要指镇区较适宜的发展建设用地，包括并入镇区的村庄。此外，还包括各村屯已经建成的居民点及其周边部分适宜发展用地。

镇域空间管制规划
SPACE CONTROL PLANNING

■ 范家屯镇镇域空间属性分区

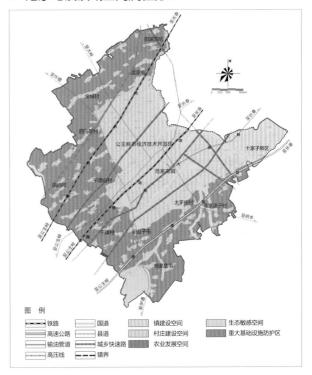

图 例

铁路	国道	镇建设空间	生态敏感空间
高速公路	县道	村庄建设空间	重大基础设施防护区
输油管道	城乡快速路	农业发展空间	
高压线	镇界		

● 镇域空间管制分区与措施

分区	范围	空间管制措施
禁建区	包括自然保护区、基本农田保护区、水源地保护区、生态公益林、水土涵养区、湿地等。	（1）本区内的发展和一切社会经济活动必须服从保护需要，严格执行有关法律法规。 （2）鼓励在水源地植树种草，以净化环境、涵养水源；禁止各类污染源进入水源地保护区。 （3）现有居民点应逐步迁出，限制区域内人类活动的规模和频率。
限建区	主要包括镇域内的一般农田、自然保留地、高速公路两侧100米范围等。	（1）限制该区域内居民点的规模，控制新建、扩建活动。 （2）鼓励农村劳动力转移和农村居民点的缩并，积极发展中心村。 （3）严格限制在农田林区进行采矿、挖土挖沙、办工厂等非农业建设，严禁进行可能导致污染、破坏土地环境的经营活动。
适建区	主要指范家屯镇区较适宜的发展建设用地，包括并入镇建设区的村庄；此外，还包括各村屯已经建成的居民点及周边部分适宜发展用地。	（1）区域内一切建设用地和建设活动必须遵守批准的城镇规划，各项建设严格执行"一书三证"制度。 （2）本着"集约、节约"土地的原则高效利用区内的土地，严格控制人均建设用地指标。 （3）城镇和村庄建设应充分利用现有的建设用地和非耕地、空闲地，保持合理的建筑密度。 （4）区域内的各种经济技术开发区、工业园区等应纳入相应的城镇总体规划，统一规划管理。

镇域居民点布局规划

TOWNSHIP RESIDENTIAL POINTS LAYOUT PLANNING

■ 范家屯镇居民点等级结构规划图

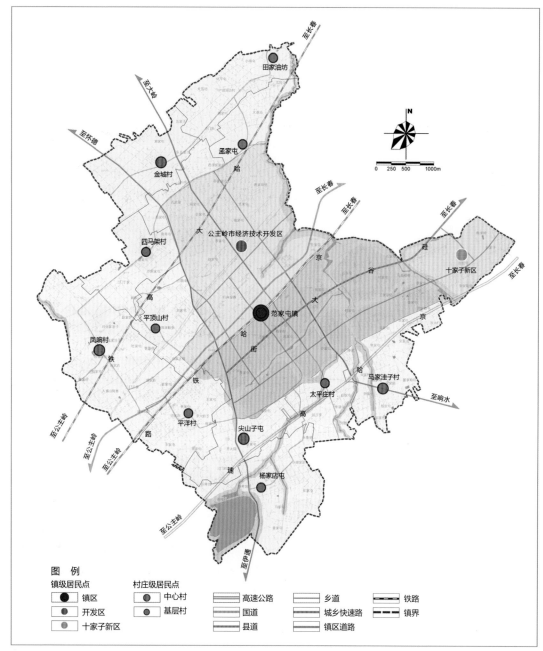

■ 范家屯镇居民点规模结构规划图

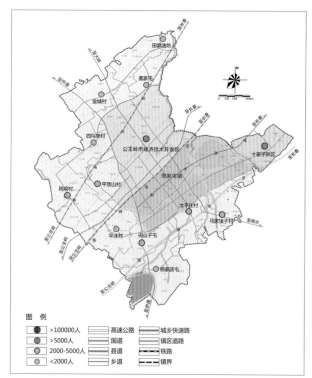

■ 范家屯镇居民点调整规划图

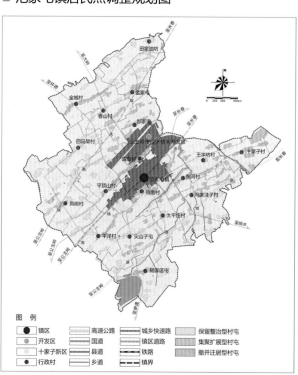

依据产业关联与效益优先、适度规模与就近调整、利于生产与设施配建、生态避让与延续文脉等原则，将香山村、郜家村、清泉村、东河村、铁南村、十家子村、王学坊村撤并迁入镇区、开发区以及十家子新区，并对不同的居民点调整类型进行统筹规划，形成规模适度、等级分明、网络均衡镇村居民点布局体系。

● 2010～2030年范家屯镇村镇体系人口等级规模一览表

村镇名称	村镇等级	现状人口（人）	规划人口（人）	村镇名称	村镇等级	现状人口（人）	规划人口（人）
范家屯镇镇区	镇区	56 869	107 500	太平庄村	基层村	2 354	2 158
尖山子屯	中心村	2 002	2 320	平洋村	基层村	1 904	1 950
马家洼子村	中心村	3 120	3 171	平顶山村	基层村	3 585	2 637
凤响村	中心村	3 624	3 720	四马架村	基层村	1 780	1 989
金城村	中心村	1 780	1 891	孟家屯	基层村	1 624	1 735
杨家店屯	基层村	1 824	1 937	田家油坊	基层村	1 770	1 822

■ 范家屯镇镇域公共服务设施规划图

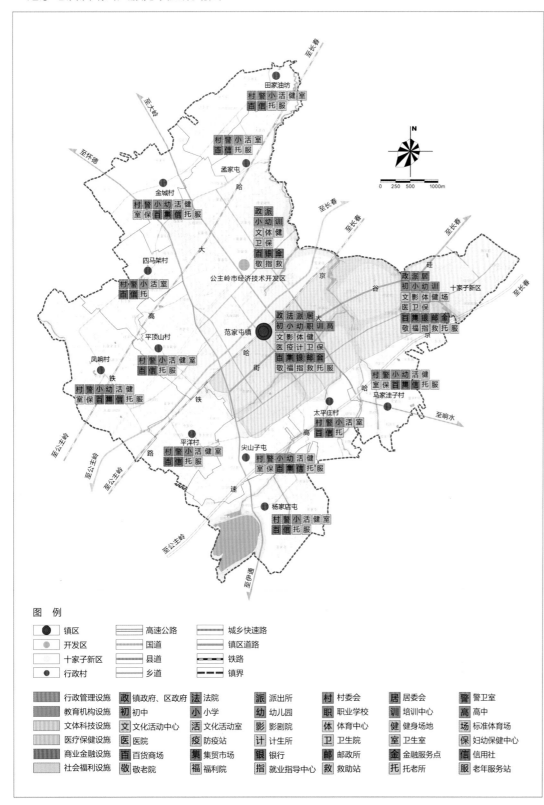

范家屯镇域公主岭经济开发区、十家子新城承担着长春人口与经济的疏解功能，其建设对公共服务设施配套提出了更高的要求。规划亟待整合现状经济水平与建设能力、人口结构与需求变化改善公共服务设施配置结构，解决供给总量不足、体系不完善和服务覆盖率低等问题，使之更符合客观使用要求，提高公共资源的实效性和科学性。

镇域公共服务设施规划
PUBLIC SERVICE FACILITIES PLANNING

■ 范家屯镇镇域公共服务设施现状图

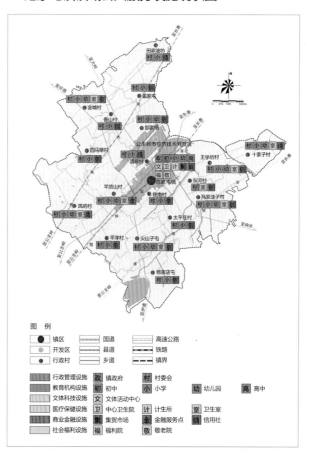

规划镇区布置文化活动中心，包括图书阅览、青少年活动、老年休闲、影剧院、科技传播等设施，中心村结合村委会设立村民文化站；中小学宜在原有基础上完善配套设施与教学环境，各中心村设立幼儿园。未来条件成熟，镇区可开办职业培训学校或技术学校，以满足镇域居民对于农业、法律基本知识技能的需求；在十家子新城建设标准体育场，镇区及村庄增设小型健身场所；在镇区和十家子新城分别规划医院各1处，各村设卫生所，中心村设妇幼保健中心，保证卫生机构的设备及人员配置；镇区设置敬老院，配备老年活动空间、老年服务等设施，其规模依据地方需求和对周边地区的吸纳情况来确定，中心村配备托老所、老年活动中心和老年服务站等设施。

镇域绿色交通体系规划

TOWNSHIP GREEN TRANSPORTATIAN SYSTEM PLANNING

　　范家屯镇位于长春市、公主岭市的重要交通枢纽上，交通区位优势明显。京哈高速公路、京哈铁路在此区域内贯穿而过，102国道沿西南—东北向穿过镇域，连接长春市与公主岭市，63省道、64省道沿西北—东南向穿过镇域，连接怀德镇、大岭镇、响水镇等，为范家屯镇的发展提供了便利条件。规划完善镇域道路网与京哈高速公路出入口、102国道之间的联系，强化与周边区域的交通联系；加强镇域道路与长春主城区道路网的对接，选取重要线路，建设连接长春市区的城乡快速路；同时，对镇域通村道路条件进行全面升级，并与县道、省道、国道等过境公路，以及镇区、产业园区、十家子新城的城镇道路等相互衔接融合，构建全域层面等级明确、相互贯通的绿色道路交通网络体系。

■ 范家屯镇镇域绿色交通体系规划图

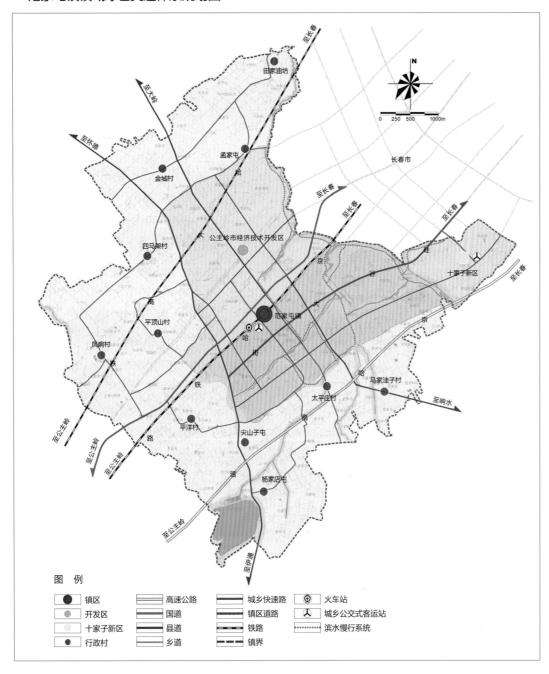

■ 范家屯镇综合交通现状图

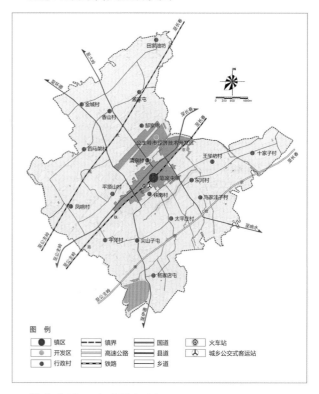

■ 范家屯镇公交路线规划图

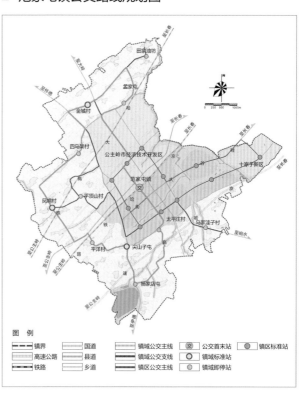

　　依托联通各村屯的环线组织镇域公交网络，在镇区设1处公交首末站，金城村、凤响村、尖山子屯设3处标准站，其余村屯地区设立即停站；镇区根据实际需要组织公交线路，并设置标准站。

■ 范家屯镇汽车零配件产业物流规划图

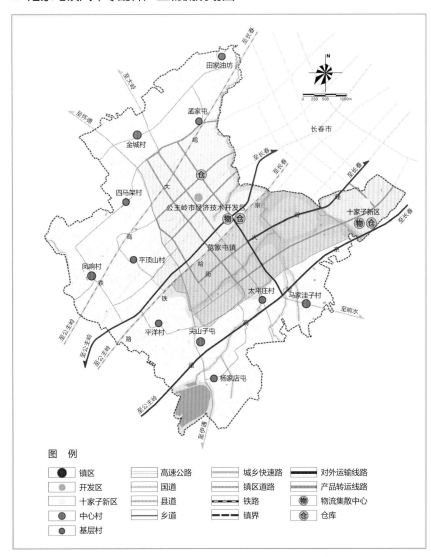

■ 范家屯镇农副产品加工产业物流规划图

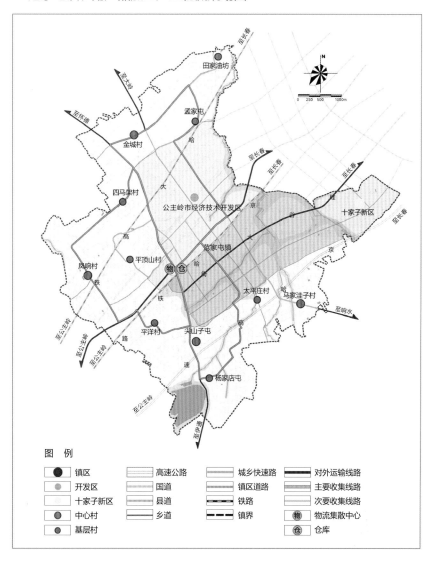

■ 范家屯镇物流网络构建示意图

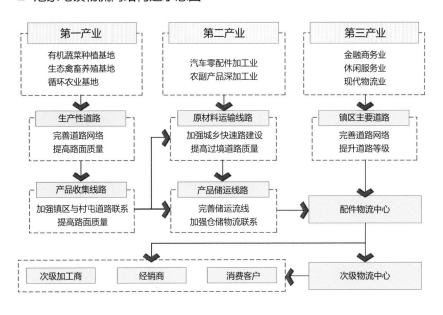

依据现有道路系统与产业未来发展诉求,规划应结合汽车零配件、农产品储运专项构建物流支撑网络与设施服务配套。针对范家屯镇汽车零配件产业,现状生产商与物流转运中心以及下一级整车制造商之间的交通联系、信息对接不畅,整体服务与运输效率处于较低的水平。道路系统规划从产业链角度出发,整合现状资源、优化配套设施、完善信息服务,建立零件生产加工工厂、零件储备仓库、配送中心等多环节协同的组织运输模式,为镇内汽车零配件产业的发展以及与长春汽车产业的对接提供良好的支撑;针对农副产品深加工产业,现状农副产品加工厂多散布于各村屯中,规划应重点考虑农副产品存储、收集、转运线路的设计,提高涉及道路的技术等级和路面状况,加强农副产品的对外运输能力与效率。

镇域环境环卫治理规划

TOWNSHIP ENVIRONMENTAL SANITATION GOVERNANCE PLANNING

范家屯镇现状无污水排放体系，镇区生活污水、雨水排入道路边沟，村庄随意排放。镇内垃圾处理设施匮乏，随意堆放现象严重，垃圾处理率低，村屯间缺少垃圾集中收集处理转运设施，环境卫生条件亟需综合整治。规划加强镇域内环卫设施建设，完善垃圾收运线路，形成镇域全覆盖的收运网络，改善镇域环境质量的同时也为经济技术开发区的招商引资工作创造良好的外部环境。

■ 范家屯镇镇域环卫治理规划图

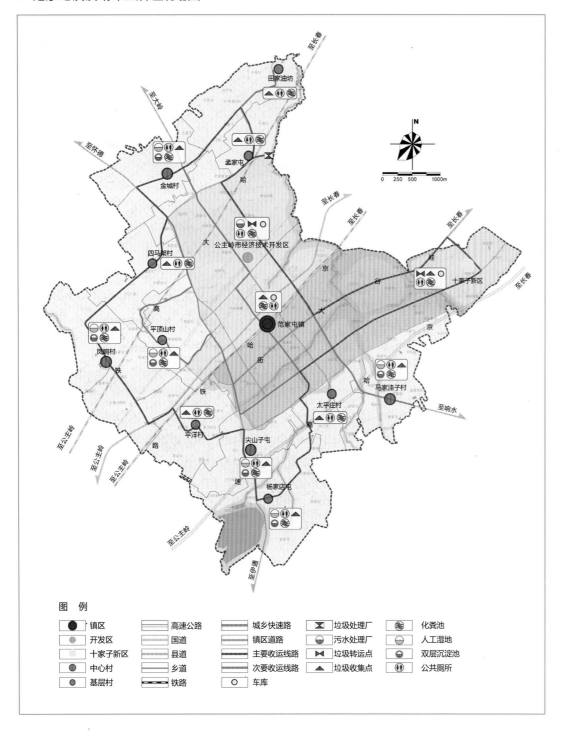

■ 双泉镇镇域环卫治理现状图

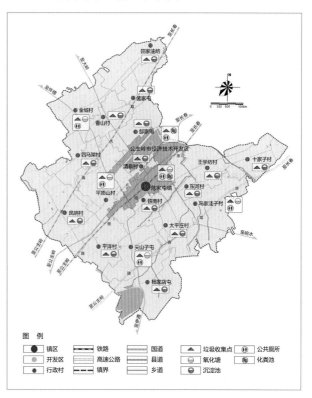

镇区采用分流制排水系统；村庄排水近期采用合流制排水系统，远期采用分流制排水系统，雨水利用路边沟排除。镇区内污染严重的工业污水由各单位自行处理，达到《污水排入城镇下水道水质标准》（CJ343-2010）后与生活污水共同经污水管道送入污水处理厂，再经二级生化处理，达到《污水综合排放标准》后，将污水排入附近内河，污泥用作农田的肥料；村庄的粪便污水不得直排，排放前必须经沼气池或化粪池处理，处理后的熟污泥可用作农肥。要充分利用现状排水设施，完善各村排水管网建设，利用人工湿地系统水质净化技术、生物滤池、氧化塘污水处理技术等先进经验，建设村庄小型污水处理设施。

考虑主导风向对镇区的影响，规划镇区与公主岭经济开发区共用垃圾处理厂，垃圾处理厂位于镇区北部新开河西侧。镇区设环卫站，配备环卫车辆以及相应设施。对于汽车零配件等产业的工业废弃物优先考虑废物循环利用，形成可持续的产业发展模式，其余不能利用的有害废渣经过各单位各自处理后再统一收集，转运至填埋场、焚烧站等进行进一步处理，以降低对环境的影响。

■ 范家屯镇镇域供水供能规划图

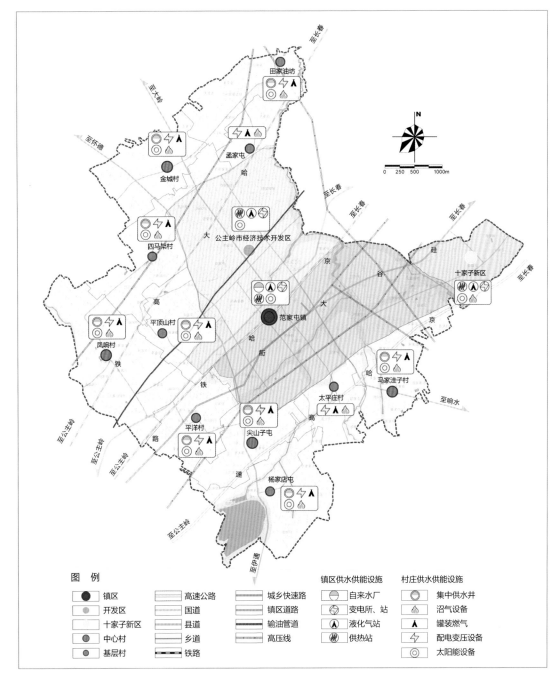

图 例

● 镇区	高速公路	城乡快速路	镇区供水供能设施	村庄供水供能设施
◐ 开发区	国道	镇区道路	◐ 自来水厂	◉ 集中供水井
十家子新区	县道	输油管道	◑ 变电所、站	◬ 沼气设备
◉ 中心村	乡道	高压线	▲ 液化气站	▲ 罐装燃气
● 基层村	铁路		✦ 供热站	⚡ 配电变压设备
				◎ 太阳能设备

范家屯镇经济发展以第二产业为核心，用水量、耗电量较大，能源、水源供给的稳定与充足是其发展的重要前提和保障。

针对供水体系，应确保给水水源安全，划定水源保护范围，区域内不得使用工业废水或生活污水灌溉和施用持久性或剧毒农药，采取有效措施，防止水源地水资源受到污染，村庄饮用水源地周围留有宽30米以上的防护绿带。同时，积极推广节水技术。农业生产逐步以喷灌、滴灌、渗灌等替代漫灌方式。增强居民节水意识，鼓励生活节水器具和生产节水设备的使用。此外，调整企业用水结构，设置耗水量大项目的进驻门槛。

针对供能体系，改造完善配电线路，路径宜短捷、顺直，并减少同道路、河流、铁路的交叉，变电站出线应将工业线路和农用线路分开设置。同时大力发展太阳能、风能、生物质能等清洁能源，倡导节能型产业，加强节能技术的研发，降低单位产品生产的能耗，建设绿色、低碳、高效的能耗系统。

■ 范家屯镇镇域供水供能现状图

■ 范家屯镇镇域供水方式详解图

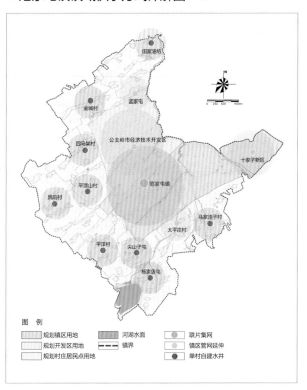

镇域防灾减灾规划

TOWNSHIP DISASTER PREVENTION AND REDUCTION

■ 范家屯镇镇域防灾减灾规划图

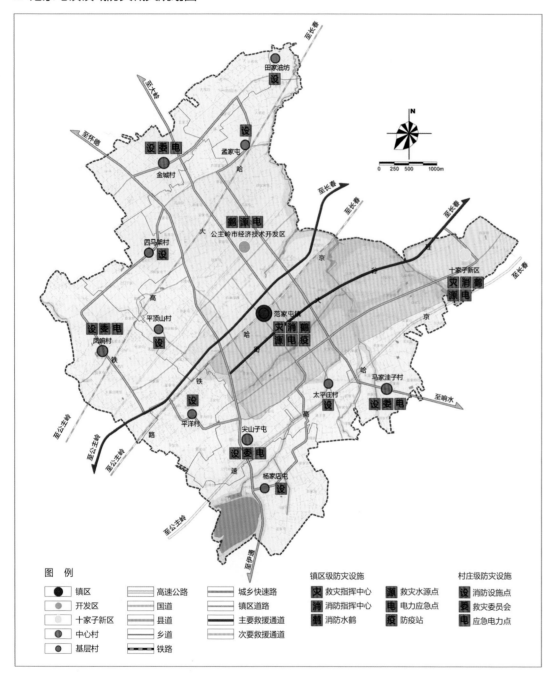

• 镇域市政公用设施防灾规划策略表

交通设施	供应设施	卫生设施
强化镇域内各级道路的通行能力，各村屯不得沿二级道路两侧建设，一般道路两侧建筑应退后公路路肩15~20米，保证灾害发生时道路畅通。主要道路加强与公园、绿地、医疗网点的联系，确保灾害发生时人员有序疏散及及时得到医救。	水源地要确保卫生防护安全，保证不造成水污染和洪水灾害。气源和热源厂站及供水、燃气、热力干线的设计应当满足抗灾和灾后迅速恢复共赢的要求，防止和控制爆炸、火灾等次生灾害的发生，尽可能配有自备电源和必要的应急储备。	生活垃圾集中处理和污水处理设施应当符合灾后恢复运营和预防二次污染的要求，环境卫生设施配置应当满足灾害垃圾清运的要求。强化卫生站场防护设施建设，防治灾害发生时污染源的扩散。

■ 范家屯镇镇域防灾减灾设施现状图

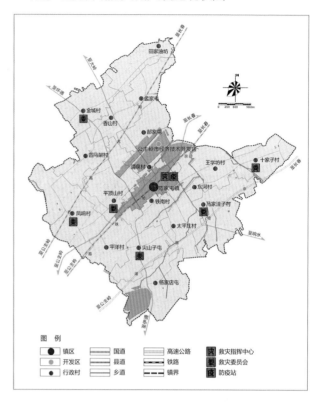

范家屯镇区为地震烈度Ⅵ度区，工程抗震按Ⅵ度设防，重大建设工程和各类生命线工程提高一度设防。重点加强对供水、电力、交通、电信、医疗救护、粮食供应、防洪、防地质灾害、消防等生命线系统的防护，在镇政府办公楼设置抗震救灾指挥中心，负责制定地震应急方案。

在南部新区和十家子新城分别新建1处一级普通消防站，并结合消防站建设消防指挥中心；全镇实现消防通信有线、无线联网，有线通讯每个电话分局设立两对"119"火警线，完成消防无线三级通讯网络的建设；镇区消防水量储存在净水厂，中心村消防用水储存在供水站。消防栓按120米的间距进行配置，尽可能设在交叉口，在商贸区、工业区重点建筑物和中心区提高消防栓密度；建立中心镇、中心村综合防疫安全体系，强化医院、卫生防疫站以及其他中心村卫生室的防疫能力，完善补充卫生安全设施，完善公共卫生信息体系和医疗急救网络，形成卫生安全设施合理布局、反应快捷、监督有力的疾病预防控制体系，提高突发性公共卫生事件的应对能力。

NO.7

产业主导型范例——范例七：黑龙江省五大连池市五大连池镇

镇域现状综合分析

THE BASIC DATA AND THE CURRENT CONDITIONS

　　五大连池镇隶属于黑河市，位于黑龙江省北部，地处小兴安岭与松嫩平原的过渡地带，毗邻五大连池市、讷河市、嫩江县、孙吴县和北安市。五大连池镇域范围与五大连池风景名胜区土地利用规划范围相一致，该区域曾荣获世界地质公园、世界生物圈保护区、国家重点风景名胜区、国家级自然保护区、国家森林公园、国家 5A 级旅游区、国家自然遗产等殊荣。镇域内设有五大连池风景名胜区自然保护区管理局，位于五大连池镇区内，具有县级政府的行政管理职权，代表省、市依法对区域内的经济和社会行政事务以及自然资源实行统一领导和管理。镇域内除五大连池镇外，还辖6个农场（大庆农场、五大连池农场、2 个部队农场、大连路军学院农场、尾山农场）、3 个林场（药泉林场、焦得布林场、小孤山林场）、景区管理局等，各辖区相互协调共存，共同组成了五大连池风景名胜区。截至 2012 年底，镇域总人口2.30 万人，其中非农人口为 1.61 万，镇域内生产总值达 46 181 万元，人均 GDP 达 20 059 元，第一、二、三产业比例为 37.3%:13.6%:49.1%。

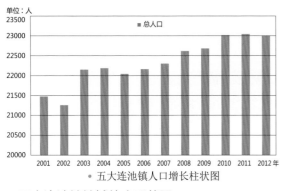

单位：人

● 五大连池镇人口增长柱状图

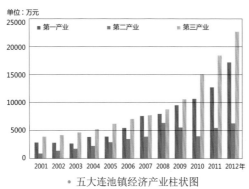

单位：万元

● 五大连池镇经济产业柱状图

● 五大连池镇旅游产业发展统计表

年份（年）	接待旅游人员		旅游综合收入		占生产总值比例(%)
	人数(万人)	同比增长(%)	数值(万元)	同比增长(%)	
2009	110	22.2	1.40	29.6	54.6
2010	115	4.5	1.63	16.4	54.8
2011	120	4.3	2.30	41.1	62.8
2012	125	10.1	2.63	14.3	56.9

■ 五大连池镇镇域综合现状图

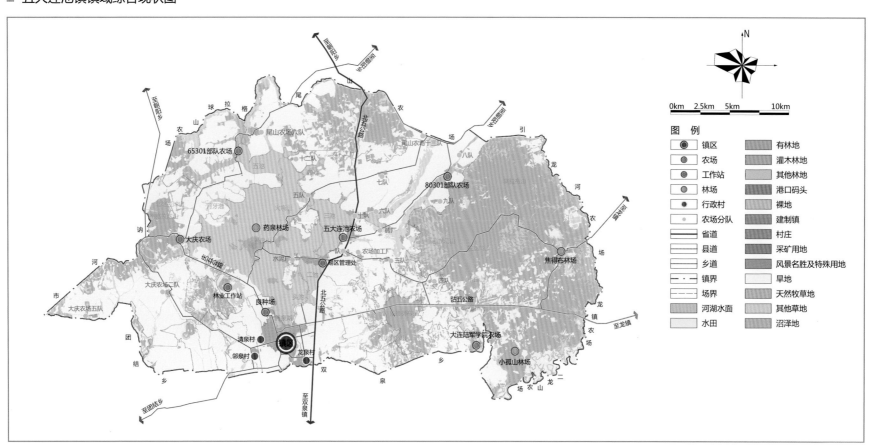

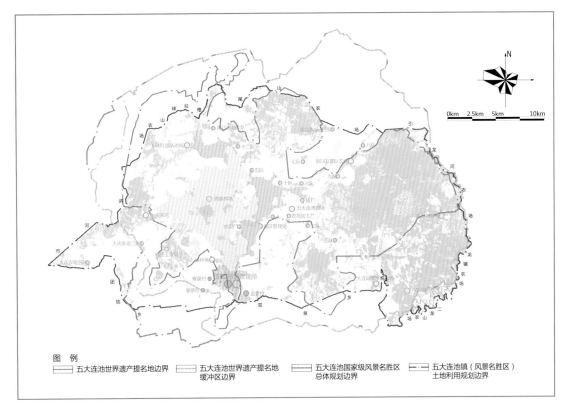

图例
五大连池世界遗产提名地边界　五大连池世界遗产提名地缓冲区边界　五大连池国家级风景名胜区总体规划边界　五大连池镇（风景名胜区）土地利用规划边界

五大连池镇域范围根据风景名胜区和自然保护区的发展需求，经多次调整而成。虽然五大连池管委会对区域内实行统一领导和管理，但具体辖区内行政权属依然较为复杂，形成了集地方、农垦、森工、景区、部队等不同类型于一体空间辖区及居民点体系。

总体上，镇域由景区、农垦、国营农场三大系统构成。其中景区系统直属五大连池管委会，下辖五大连池镇（镇区、龙泉村、青泉村、邻泉村）、全民（湖区、良种场）、林场（药泉林场、焦得布林场、小孤山林场、林业工作站）、部队（65301部队农场、80301部队农场）4部分；镇域内农垦系统包括五大连池农场（全部）、尾山农场（六队、十三队），隶属于黑龙江省农垦北安管理局；镇域内国营农场为大庆农场，隶属于大庆石油管理局。

■ 五大连池镇用地权属空间范围图

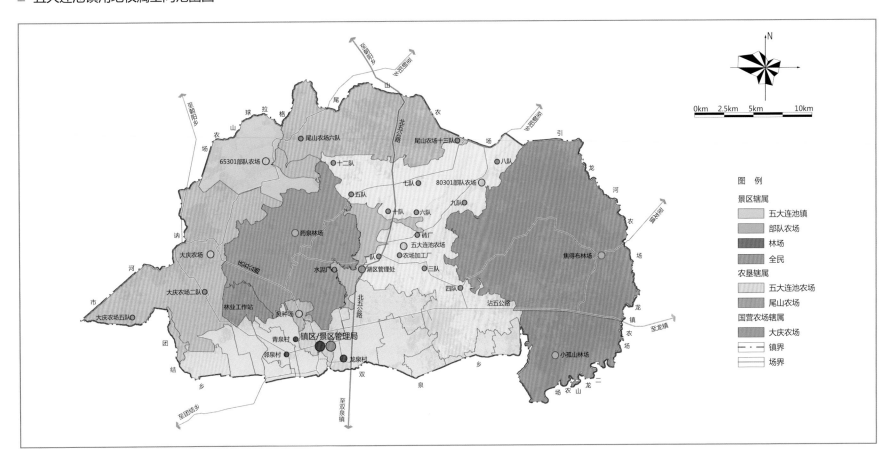

图　例

景区辖属
　五大连池镇
　部队农场
　林场
　全民

农垦辖属
　五大连池农场
　尾山农场

国营农场辖属
　大庆农场
—·— 镇界
——— 场界

镇域绿色产业规划
TOWNSHIP GREEN INDUSTRY LAYOUT PLANNING

■ 五大连池镇镇域产业布局现状图

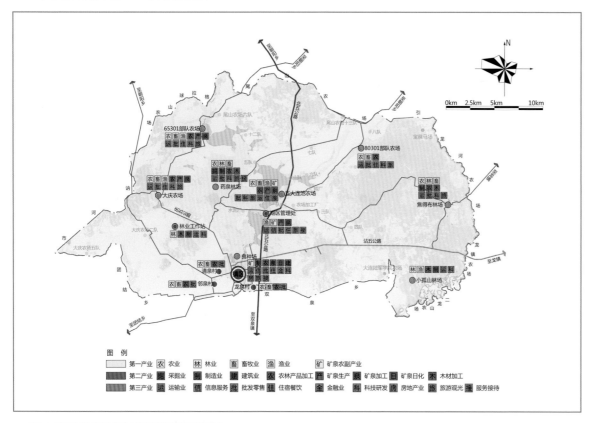

五大连池镇镇域经济总量和质量不高，发展方式粗放，竞争力弱，经济对资源依赖较大，实现区域分工较难，导致未来产业发展不确定性较大。特色农业产业规模较小，还满足不了龙头企业的加工需要；矿泉水产业虽然具有天然优势，但仍处于初始阶段，对经济发展贡献率较低；旅游经济总量偏小，旅游链条不长，与国内其他地区相比仍处于落后地位。五大连池镇产业规划充分依托独特的火山地貌、矿泉资源、生物资源、农林资源等进行科学、合理、有侧重地配置，并通过绿色产业链的构建，实现三产联动的发展模式。

一方面，缩小农业、养殖业等第一产业的生产规模，退耕还林。同时，努力提高农业生产的质量，以生产无污染的绿色食品为主，配合五大连池健康休闲旅游，开展"食疗"食品生产；另一方面，保证矿泉水业为龙头的第二产业的发展支撑，发展壮大矿泉酒、矿泉保健饮料、矿泉鱼、矿泉泥系列护肤品、矿泉醋、矿泉大米、矿泉绿色食品生产规模。同时，围绕矿泉产业发育，发展金融、交通运输、包装、印刷等相关产业，促进矿泉产业集群发展；此外，有效地促进旅游业及其第三产业的发展，以体现五大连池火山文化、矿泉文化特色的景观为建设重点，协调区内农场、部队农场，加强旅游服务站建设，完善旅游交通网络，促进交通运输业、金融服务业、信息服务业和商务服务业等生产性服务业的发展。

■ 五大连池镇镇域产业链发展示意图

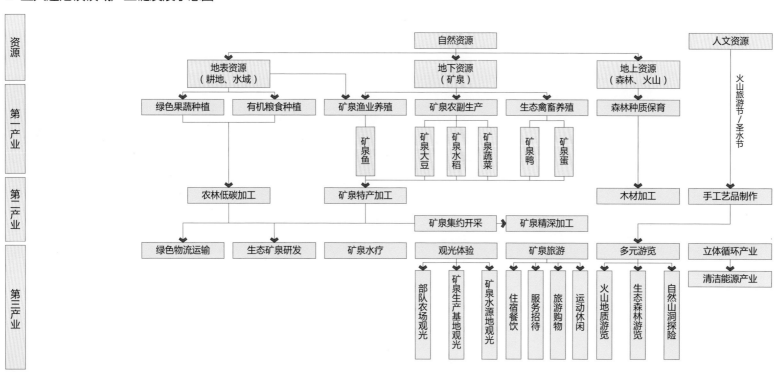

■ 五大连池镇镇域绿色产业区划图

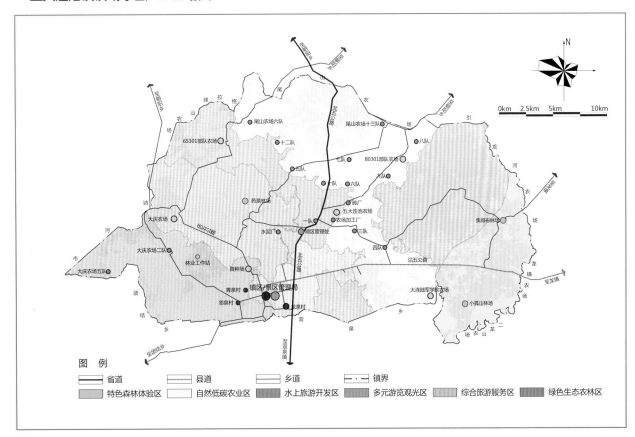

图 例

省道 —— 县道 —— 乡道 —— 镇界 —·—

特色森林体验区 自然低碳农业区 水上旅游开发区 多元游览观光区 综合旅游服务区 绿色生态农林区

■ 五大连池镇镇域职能结构规划图

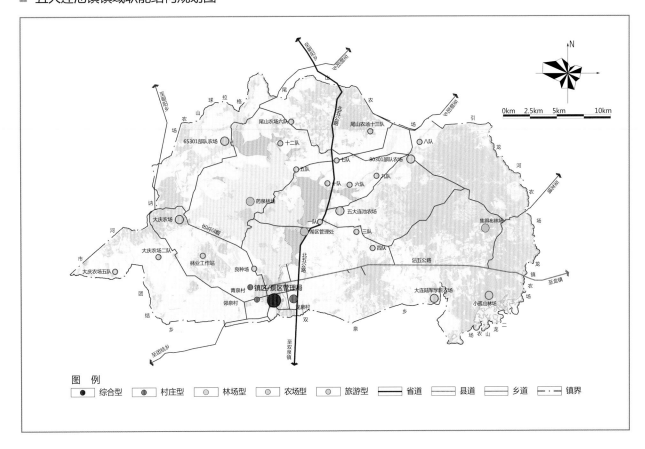

图 例

● 综合型 ● 村庄型 ○ 林场型 ○ 农场型 ○ 旅游型 —— 省道 —— 县道 —— 乡道 —·— 镇界

• 五大连池镇产业区划表

名称	职能类型	主导产业	可发展绿色产业
特色森林体验区			
焦得布林场 小孤山林场	旅游型 林场型	林业 森林种质保育 木材加工	农林低碳加工 绿色物流运输 立体循环产业
自然低碳农业区			
80301部队 农场、大连陆 军学院农场	农场型	农业 观光游览	农林低碳加工 绿色物流运输 清洁能源产业
水上旅游开发区			
65301 部队农场 五大连池农场 湖区管理处	农场型 旅游型	矿泉相关产业 游览观光 服务招待 信息服务	矿泉渔业养殖 矿泉集约开采 矿泉精深加工 矿泉特产加工 生态矿泉研发
多元游览观光区			
大庆农场 药泉林场 林业工作站	农场型 旅游型 林场型	游览观光 服务招待 休闲游憩	农林低碳加工 清洁能源产业 立体循环产业
综合旅游服务区			
镇区 龙泉村 青泉村	综合型 村庄型	批发零售 住宿餐饮 旅游购物 服务接待 矿泉水疗 休闲度假	生态矿泉研发 绿色物流运输 立体循环产业 清洁能源产业
绿色生态农林区			
林业工作站 良种场 邻泉村	林场型 农场型 综合型	制造业 批发零售 服务接待	绿色果蔬种植 有机粮食种植 生态禽畜养殖

　　根据五大连池镇产业发展情况、资源分布及资源储量将镇域划分为6个产业功能区:(1)森林观光体验区以林业、森林种质保育、木材加工为主,可发展绿色产业为绿色物流运输、立体循环产业;(2)自然低碳农业区以农业、观光旅游为主,可发展绿色产业为农林低碳加工、清洁能源产业;(3)水上旅游开发区以矿泉产业、游览观光、服务招待为主,可发展绿色产业为矿泉渔业养殖、矿泉集约开采、矿泉精深加工、矿泉特产加工、生态矿泉研发;(4)多元游览观光区以游览观光、服务招待、休闲游憩为主,可发展绿色产业为清洁能源产业、立体循环产业;(5)综合旅游服务区以批发零售、住宿餐饮、旅游购物、服务接待、矿泉水疗、休闲度假为主,可发展绿色产业为生态矿泉研发;(6)特色生态农林区以采掘业、制造业、木材加工为主,可发展绿色产业为绿色果蔬种植、有机粮食种植、生态禽畜养殖。

五大连池镇镇域绿色产业空间布局规划图

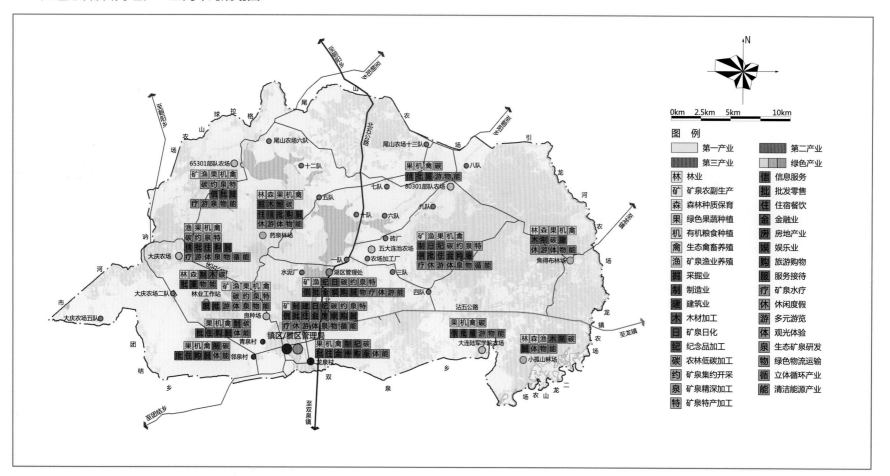

五大连池镇镇域矿泉产品储运路线规划图

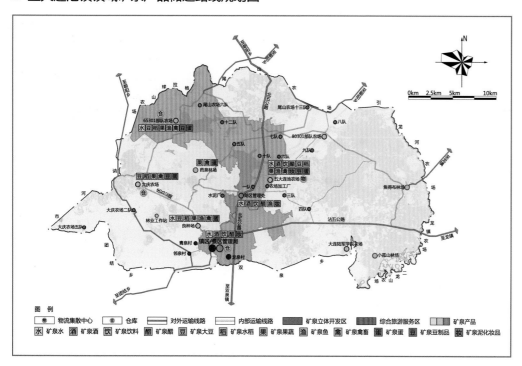

• 各场站主要生产矿泉产品一览表

场站名称	生产主要矿泉产品
65301部队农场	矿泉水、矿泉大豆、矿泉水稻、矿泉果蔬、矿泉鱼、矿泉禽畜、矿泉豆制品、矿泉蛋
药泉林场	矿泉果蔬、矿泉禽畜、矿泉蛋
大庆农场	矿泉大豆、矿泉水稻、矿泉果蔬、矿泉禽畜、矿泉豆制品、矿泉蛋
五大连池农场	矿泉水、矿泉酒、矿泉饮料、矿泉醋、矿泉大豆、矿泉水稻、矿泉果蔬、矿泉鱼、矿泉禽畜、矿泉泥化妆品、矿泉豆制品、矿泉蛋
湖区管理处	矿泉水、矿泉酒、矿泉饮料、矿泉醋、矿泉鱼、矿泉泥化妆品
良种场	矿泉水、矿泉大豆、矿泉水稻、矿泉果蔬、矿泉鱼、矿泉禽畜、矿泉蛋
镇区	矿泉水、矿泉酒、矿泉饮料、矿泉醋、矿泉泥化妆品

　　依附水域分布的65301部队农场、药泉林场、大庆农场、五大连池农场、湖区管理处、良种场及五大连池镇区是矿泉产品主要的生产基地，其产品包括矿泉水、矿泉酒等。选取镇内环路及与环路相连的内部乡道为矿泉产品内部运输线路，北五公路、沾五公路为对外运输线路，并在五大连池农场设置物流集散中心，大庆农场、尾山农场六队、镇区设置存储仓库，共同构成矿泉产品的运输系统。

■ 五大连池镇镇域空间布局规划图

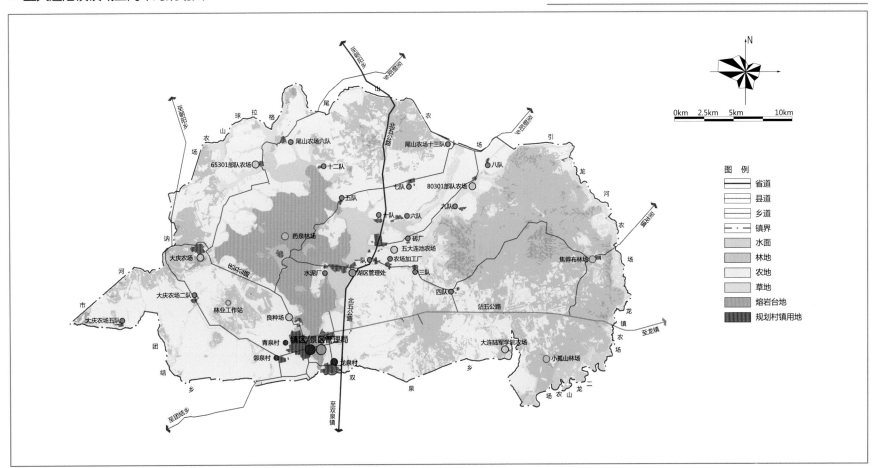

■ 五大连池镇镇域空间结构规划图

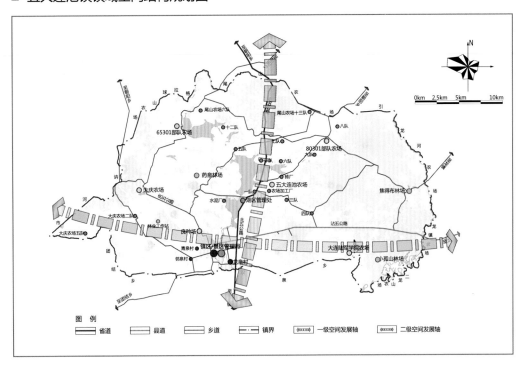

划定五大连池镇镇域水面、林地、农地、草地、熔岩台地、村镇用地等用地空间的范围，结合气候水文、地形地貌、土壤类型等自然条件，提出各类用地空间的开发利用、设施建设和生态保育措施。规划沿省道北五公路形成一级经济增长轴，沿沾五公路、庆五公路形成二级经济发展轴，以五大连池镇区为经济核心，引导五大连池镇镇域空间有序发展。

■ 五大连池镇镇域空间利用引导

用地类型	开发利用	设施建设
水面	水产品养殖、滨水旅游、消防救援、农业灌溉	养殖设施、旅游服务设施、取水设施、防洪防护设施
林地	林下产品开发、采摘体验、观光旅游	林业管理设施、旅游服务设施、防（火）灾设施
农地	农作物种植、观光农业、采摘体验	节水灌溉设施、旅游服务设施、大棚等农业设施
草地	牲畜养殖	生产设施、防灾抗灾设施
村镇	村镇建设、旅游服务、观光游览、商贸集散	基础设施、旅游服务设施、经营设施

镇域空间管制规划
TOWNSHIP SPACE CONTROL PLANNING

■ 土地扩张与覆盖过程阻力评价

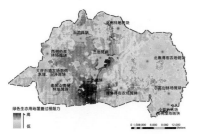

• 绿色生态用地扩张阻力成本表面

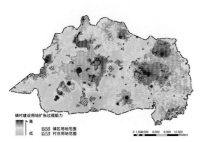

• 镇村建设用地扩张阻力成本表面

■ 土地扩张与覆盖过程模拟

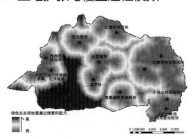

• 绿色生态用地扩张最小累积阻力表面

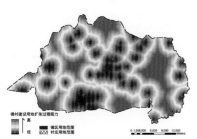

• 镇村建设用地扩张最小累积阻力表面

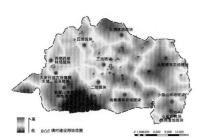

• 最小累积阻力差值表面

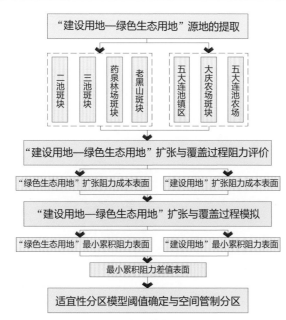

• 空间管制技术路线

■ 五大连池镇镇域空间管制规划技术路线

镇域土地适宜分区旨在宏观辨识土地的生态属性与发展潜力，在维持生态服务水平的基础上判别土地适宜建设水平与等级，能有效的为空间管制规划提供有效的划分依据。

借助遥感与地理信息技术，通过构建13个因子的用地扩张阻力赋值体系，应用最小累积阻力模型模拟村镇建设用地扩张与绿色生态用地覆盖过程，剖析空间土地利用动态演变的潜在趋势，据此通过适宜性分区模型划定镇域空间的禁建区、限建区、适建区。

■ "建设用地—绿色生态用地"源地提取

• 五大连池镇重要的源地提取表

编号	1	2	3	4	5
一级绿色斑块	五池斑块	三池斑块	二池斑块	小孤山林场南侧湿地斑块	大庆农场南侧水域、沼泽斑块
编号	6	7	8	9	10	11
二级生态斑块	西侧药泉林场斑块	北侧林地斑块	老黑山南侧林地斑块	南侧焦得布林场斑块	小孤山林场斑块	北侧焦得布林场斑块

■ 五大连池镇镇域空间管制规划图

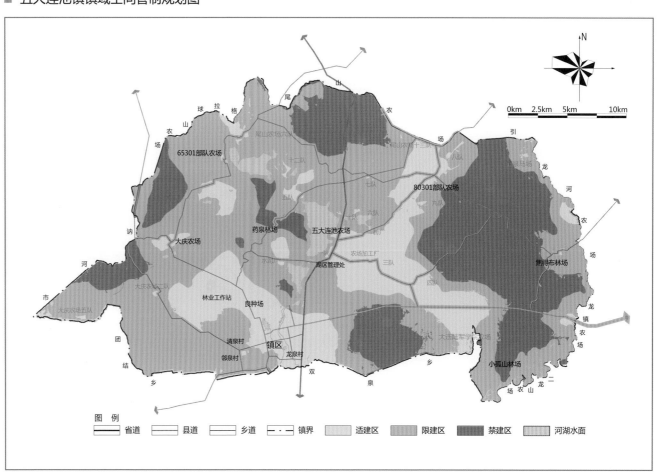

图例 省道 县道 乡道 镇界 适建区 限建区 禁建区 河湖水面

106

■ 五大连池镇镇域居民点布局现状图

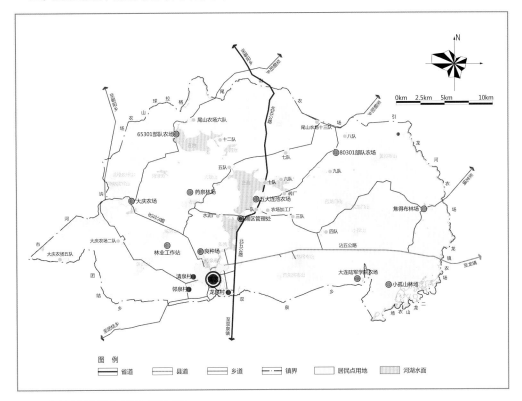

图例
省道　县道　乡道　镇界　居民点用地　河湖水面

■ 五大连池镇等级结构规划图

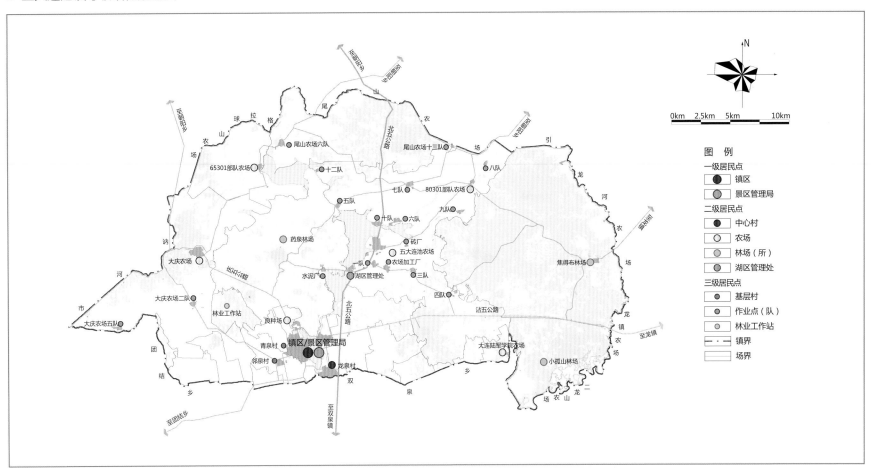

镇域居民点布局规划
RESIDENTIAL POINTS LAYOUT PLANNING

　　五大连池镇域范围内现状居民点构成复杂多样，包括"镇区+村庄"的村镇型居民点、"森工林业局+林场（所）+林业工作站"的森工型居民点、"农垦分局+农场+作业点"的农垦型居民点、"景区管理局+景区管理处+旅游服务点"的旅游型居民点等。基于风景名胜保护、自然生态保护以及旅游综合服务等需求，并综合考虑各居民点在旅游、生产、生态、生活上的优势互补、协调合作，规划形成五大连池风景名胜区特有的三级居民点体系。一级居民点为镇区（即五大连池风景名胜区自然保护区管理委员会驻地、镇政府驻地、景区管理局驻地），二级居民点为中心村+林场（所）+农场+湖区管理处，三级居民点为基层村+林业工作站+农场作业点+旅游服务点。

一级居民点	镇区	林业局	农垦分局	景区管理局
二级居民点	中心村	林场	农场	景区管理处
三级居民点	基层村	林业工作站	作业点（队）	旅游服务点

• 居民点结构体系示意图

图例
一级居民点
　镇区
　景区管理局
二级居民点
　中心村
　农场
　林场（所）
　湖区管理处
三级居民点
　基层村
　作业点（队）
　林业工作站
　镇界
　场界

镇域绿色交通体系规划

TOWNSHIP GREEN TRANSPORTATION SYSTEM PLANNING

■ 五大连池镇镇域交通体系现状图

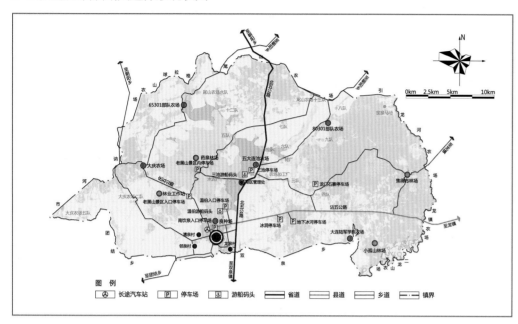

五大连池镇北五公路（省道）、沾五公路（县道）、庆五公路（乡道）构成了镇域内外联系的主要道路，大庆农场—朝阳乡、五大连池农场—朝阳乡、焦得布林场—龙镇、邻泉村—团结乡构成了内外衔接的次要道路。现阶段，风景区的对外联系主要依靠镇区的长途汽车站，镇域内乡道分布相对均匀，但各农场、林场及工作站联系较为薄弱。道路技术等级、路面质量、必要的场站设施建设不足，各景点的连通性与可达性欠缺，无法满足未来旅游业的发展需求。

镇域交通体系规划结合山区地形条件、环境保护、路面排水等要求，明确道路的性质与技术标准，加强道路基础设施与交通服务设施的建设。沿北五、庆五、庆尾、沾五等公路形成镇域环形公路，主要承担域内观光旅游、日常通勤等功能，并在沿线65301部队农场、80301部队农场及焦得布林场等节点增设停车等交通与游览设施。沿尾山农场六队、80301部队农场、焦得布林场增设乡道。根据国家铁路规划，北安市和嫩江县之间的铁路将贯通，镇区设站，规划结合旅游需求，增加其相关场站设施的配建。

■ 五大连池镇镇域绿色交通体系规划图

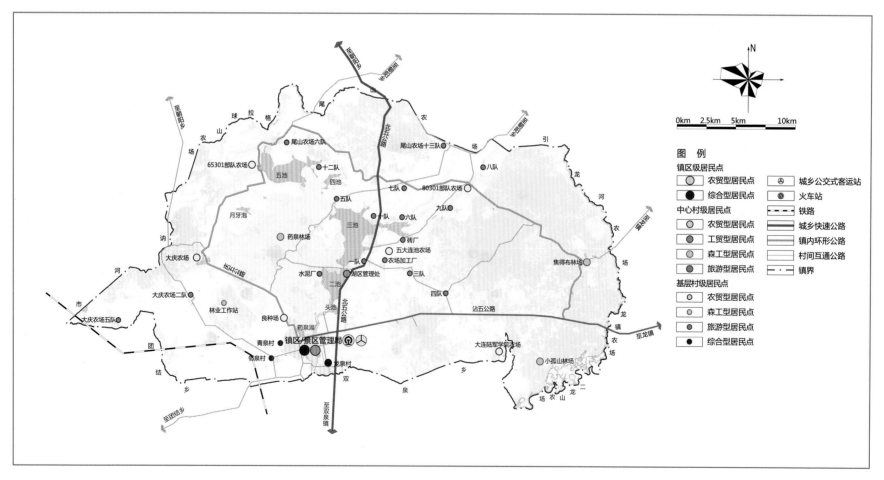

■ 五大连池镇镇域多元交通联运规划图

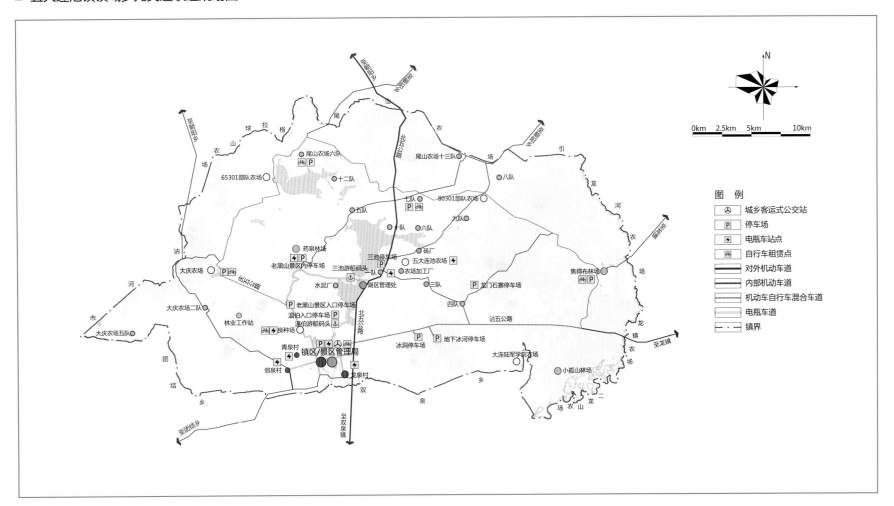

■ 旅游交通的多元联运方式

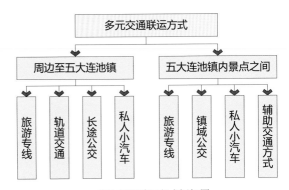

多元交通联运方式框架图

周边与五大连池镇间的旅游专线应在布局上实现市区和郊区线路的整合,使其成为统一完整的体系,并体现直达性和快捷性,对于轨道交通未能近期覆盖的区域可以依托长途公交。在镇域内开发多种模式旅游专线,并结合主要交通道路的建设,开设具有针对性的旅游专线,同时配合辅助交通方式,如电瓶车、自行车等低碳出行方式,形成多元的交通联运模式。

■ 五大连池镇场站配建交通设施一览表

交通设施类型	对应配建场站
火车站	五大连池镇镇区
长途汽车站	五大连池镇镇区
停车场	老黑山景区(入口/区内)、温泊入口、南饮泉入口、冰洞、地下冰河、龙门石寨、五大连池镇镇区
电瓶车站点	龙泉村、青泉村、邻泉村、五大连池镇镇区、良种场、老黑山景区、湖区管理处、五大连池镇农场
自行车租赁点	五大连池镇镇区、良种场、大庆农场、65301部队农场、80301部队农场、焦得布林场
码头	温泊、三池

■ 五大连池镇公路技术等级要求表

公路名称	规划公路作用	公路连通重要节点	规划公路等级
北五公路	城乡间快速连通	双泉镇、龙泉村、五大连池镇镇区、湖区管理处、五大连池镇农场、朝阳乡	一级公路
沾五公路	城乡间快速连通	五大连池镇镇区、东焦德布山、龙镇	二级公路
庆五公路	镇内重点村屯互通	五大连池镇镇区、良种场、林业工作站、大庆农场、65301部队农场	二级或三级公路
庆尾公路	镇内重点村屯互通	大庆农场、65301部队农场、尾山农场六队、80301部队农场、焦得布林场	二级或三级公路
尾焦公路	镇内重点村屯互通	尾山农场六队、80301部队农场、焦得布林场	二级或三级公路
其他村镇公路	各村屯间互通	邻泉村、青泉村、良种场、药泉林场、湖区管理处	三级公路

镇域供水供能规划
TOWNSHIP MUNICIPAL INFRASTRUCTURE PLANNING

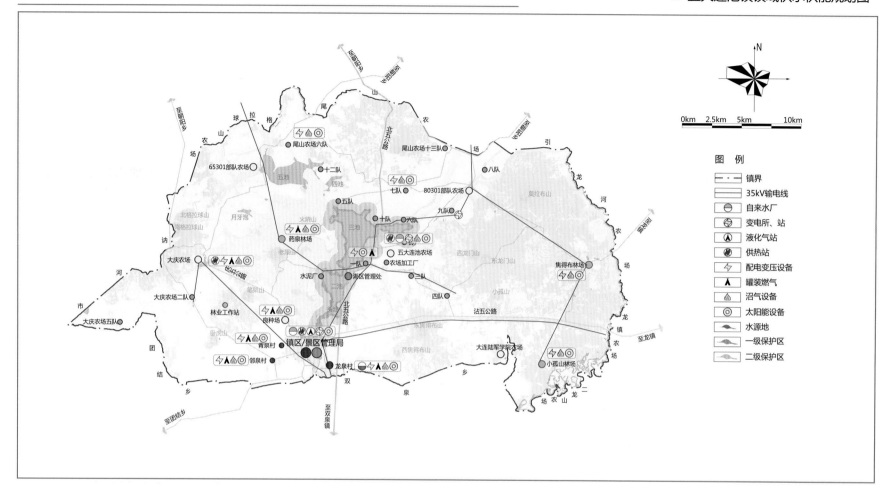

• 五大连池镇供水供能方案

场站名称	供水方案	水质标准	供电方案	供暖方案	燃气方案
五大连池镇区	联片集网	水质达标	国家电网	集中式秸秆锅炉+煤	液化石油气
大庆农场	集网管网延伸	水质达标	国家电网	集中式秸秆锅炉+煤	沼气+罐装燃气
五大连池农场	联片集网	水质达标	国家电网	秸秆锅炉+沼气+太阳能	沼气
龙泉村	联片集网	水质达标	国家电网	秸秆锅炉+沼气+太阳能	沼气+罐装燃气
药泉林场	集网管网延伸	水质达标	国家电网	薪柴+秸秆	沼气+罐装燃气
五大连池农场七队	集网管网延伸	水质达标	国家电网	沼气+太阳能	沼气
五大连池农场一队	联片集网	水质达标	国家电网	秸秆锅炉+太阳能	罐装燃气
尾山农场六队	集网管网延伸	水质达标	国家电网	沼气+太阳能+煤	沼气
青泉村	联片集网	水质达标	国家电网	秸秆锅炉+沼气+太阳能	沼气+罐装燃气
邻泉村	联片集网	水质达标	国家电网	秸秆锅炉+沼气+太阳能	沼气+罐装燃气
良种场	联片集网	水质达标	国家电网	秸秆锅炉+沼气+太阳能	沼气+罐装燃气
焦得布林场	集网管网延伸	水质达标	国家电网	薪柴+秸秆	沼气
小孤山林场	集网管网延伸	水质达标	国家电网	薪柴+秸秆	沼气

就地开发利用能源材料，包括生物质能（作物秸秆、人畜粪便、薪柴，以及沼气等）、小水电、太阳能等。同时，结合商品化的常规能源（煤、油、电、气等）形成五大连池镇多元的能源结构。积极推广低成本和低污染能源技术的应用，提高原有能源的利用效率，保证能源供应稳定与安全。

一池、二池的水质达到饮用水标准，可以成为五大连池镇区的主要水源地，中远期后慢慢淡化二龙眼泉作为水源地的作用，强化其自然休闲的园林风貌。大庆农场和五大连池原种农场分别建设独立完善的供水系统。个别景区可采用水泵引水，从而解决用水问题。镇域内全部输电网均采用地埋电缆的方式，对于大庆农场、五大连池农场等大型接待设施用电点，采用设置变电站，就近接入地区电网的方式。集中供热的热源选择大型区域热水锅炉房供热的方式，提供采暖用热。大庆农场和五大连池原种农场近期采用局部供热，远期也需考虑集中供暖的建设，建造集中供暖锅炉房，并在供暖得到保证的前提下，逐步落实改变燃料结构。

■ 五大连池镇镇域环境环卫治理规划图

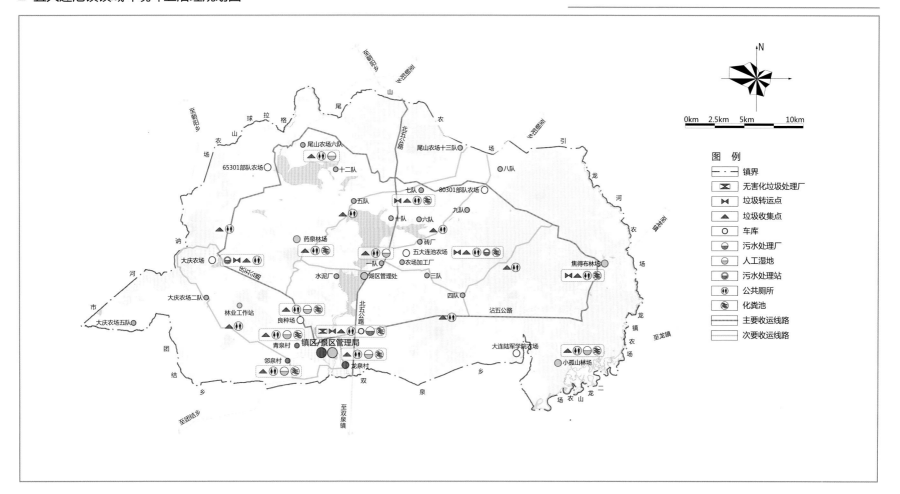

• 五大连池镇环境环卫治理方案

场站名称	污水处理	垃圾收运	环卫设施
五大连池镇区	管网处理	收集、转运、无害化处理	无害化垃圾处理厂、垃圾转运点/收集点、车库、公共厕所、污水处理厂、化粪池
大庆农场	管网处理	转运、收集	污水处理站、垃圾转运点/收集点、公共厕所
五大连池农场	管网处理	转运、收集	污水处理站、垃圾收集点、公共厕所、化粪池
龙泉村	管网处理	收集	垃圾收集点、公共厕所、人工湿地、化粪池
药泉林场	管网处理	收集	垃圾收集点、公共厕所、化粪池
五大连池农场一队	管网处理	收集	垃圾收集点、公共厕所、人工湿地
尾山农场六队	人工湿地	收集	垃圾收集点、公共厕所、人工湿地
五大连池农场七队	化粪池	转运、收集	垃圾收集点、公共厕所、化粪池
青泉村	管网处理	收集	垃圾收集点、公共厕所、人工湿地、化粪池
邻泉村	管网处理	收集	垃圾收集点、公共厕所、人工湿地、化粪池
良种场	管网处理	收集	垃圾收集点、公共厕所、人工湿地、化粪池
焦得布林场	化粪池	转运、收集	垃圾转运点/收集点、公共厕所、化粪池
小孤山林场	化粪池+人工湿地	收集	垃圾收集点、公共厕所、人工湿地、化粪池

水资源排放采用"雨污分流"制，将风景名胜区中主要景区、生活区所产生的生活污水和雨水管道分开规划设置。在污水排放量较大的五大连池镇区设置污水处理厂，大庆农场、五大连池原种农场设置污水处理站。五大连池镇地势为东高西低，整体由北向南倾斜，雨水可依地势沿地表自然向石龙河汇集排除。

近期在五大连池镇选址设 1 处大型垃圾转运站，负责风景区的生活垃圾转运；在各主要游览区域入口处选隐秘处设置小型垃圾转运站；景点附近也适当设垃圾收集点及公共厕所。生活垃圾采取分类（袋装）收运、密封转运、无公害处理、多种处理技术相结合的生活垃圾处理系统，逐步实现变现状的混合收集为分类收集。垃圾清运采用汽车密封运输，各垃圾收集点、垃圾转运站经分类、压缩，由汽车运至垃圾处理厂处理，经进一步分类后，对其中可回收的废品，作为资源回收利用。生活垃圾以无公害处理为主，采用低碳环保的准好氧填埋技术。

镇域公共服务设施规划
TOWNSHIP PUBLIC SERVICE FACILITIES PLANNING

■ 五大连池镇镇域旅游与公共服务设施现状图

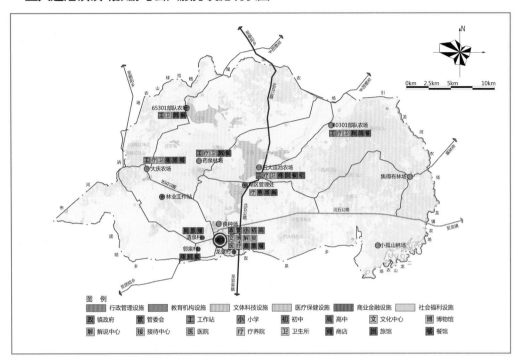

五大连池镇域内各类居民点复杂交织，在公共服务设施配置上参差不齐，并总体上呈现设施数量较少、类型欠缺、等级较低等特点。而在旅游服务设施配套上问题尤为突出，镇域内宾馆、疗养院、度假村仅20余家，床位数不足3 000张，最具规模的工人疗养院也未达二星级标准，匮乏简陋的旅游服务设施远远跟不上特色旅游事业的发展步伐，成为制约风景名胜区旅游事业发展的重要因素。因此，建设完善的公共服务设施体系，尤其是旅游服务设施，是推动五大连池健康、绿色、可持续发展的关键所在。

在总体层面，从风景名胜区全域视角出发，在满足各居民点自身发展需求的基础上，深入考虑整个风景名胜区对各居民点的服务配套要求，以及不同类型居民点间的协调、互补，构建合理、完善的公共服务设施体系。

在具体层面，根据环境容量、旅游需求、交通状况、生产生活需求和景观要求，合理布置服务设施，结合各级居民点体系划分各服务网点的级别、规模和建设步骤，重点配套五大连池镇区、大庆农场场部、五大连池农场场部、湖区管理处等居民点的公共服务设施及游览接待设施。

■ 五大连池镇镇域旅游与公共服务设施规划图

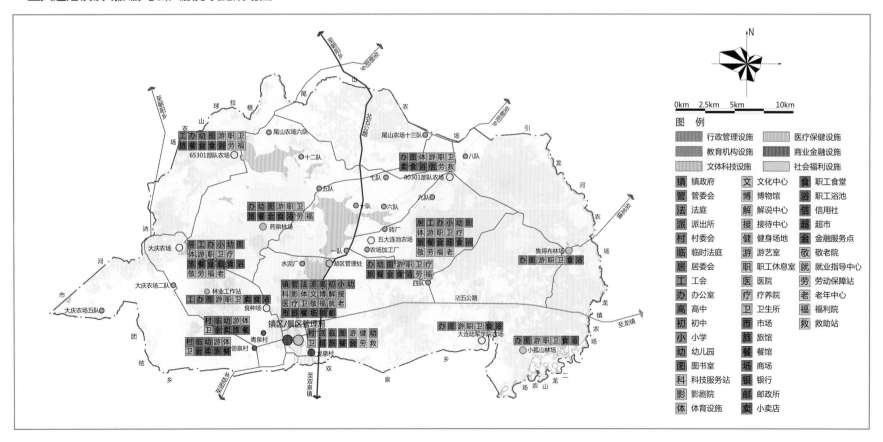

■ 五大连池镇旅游环境容量分析

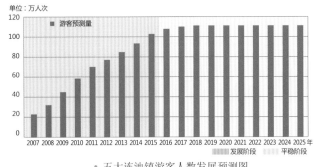

五大连池镇镇域公共服务设施的配置，除考虑当地居民的生产、生活需求外，更重要的是考虑外来游客对旅游服务设施的使用需求，因此确定五大连池风景区的游客规模就显得尤为重要。游客规模的控制首先要满足风景区的环境容量要求。五大连池风景区的环境容量采用面积法、线路法与瓶颈法结合使用，以使计算更趋于准确，以传统方法测算的同时利用风景资源容量、生态容量、经济发展容量以及社会容量值加以校正。游客规模还需考虑五大连池的客源市场，分别从一级客源市场、二级客源市场、三级客源市场以及机会客源市场等考虑，分析游客数量变化。由于五大连池风景区地处边远地区，且交通条件长期来较为落后，因此目前还处在初始阶段。根据全国旅游业发展的平均增长率的情况及五大连池镇旅游产业发展趋势看，将逐步进入发展稳定阶段。规划测算，五大连池镇镇域环境容量为148万人次，其游客预测发展人数为111.37万人次。在公共服务设施配置时，尤其旅游服务设施的配置，必须充分考虑这些人口规模的服务需求。

• 五大连池镇环境容量测算表

项目	日容量（人次）	年容量（万人次）
火山博览区	800	16
药泉休闲区	2 130	42.6
水上游憩区	800	16
天池游赏区	1 500	29
湿地观光区	240	4.8
冰洞探奇区	1 860	39.6
石寨探险区	1 100	22
总计	8 430	148

■ 五大连池镇游客人数增长预测

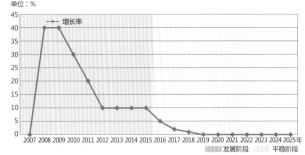

• 五大连池镇游客人数发展预测图

• 五大连池镇游客人数增长率预测图

■ 五大连池镇镇域旅游设施接待等级规划图

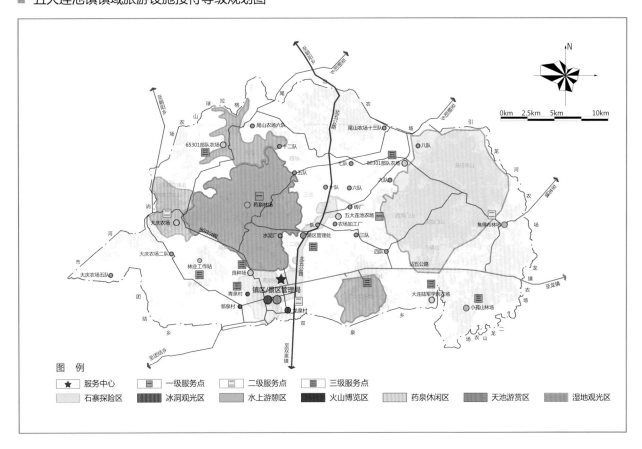

• 旅游服务设施接待等级一览表

类型	数量	位置
服务中心	1	五大连池镇区
一级服务点	2	大庆农场、五大连池农场
二级服务点	6	尾山农场六队、良种场、南饮泉入口、龙泉村、冰洞入口、地下冰泉入口、龙门石寨
三级服务点	8	青泉村、邻泉村、老黑山景区、药泉林场、五大连池农场七队、焦得布林场、小孤山林场

结合现状居民点建设及旅游资源分布情况，将旅游服务设施体系分为4个级别：服务中心、一级服务点、二级服务点和三级服务点。其中，服务中心提供住宿、购物、卫生保健、宣传咨询、娱乐休闲等服务，服务基地较服务中心功能更全面。一级服务点提供餐饮服务、纪念品销售、部分卫生设施等。二级服务点提供包括食品、饮料销售，交通工具换乘，纪念品销售，电话、咨询、卫生急救等设施等。三级服务点设置小卖部和休息亭，以及必备的急救设施。

镇域特色景观资源保护利用

TOWNSHIP LANDSCAPE RESOURCES PROTECTION PLANNING

■ 五大连池镇镇域山水资源评析图

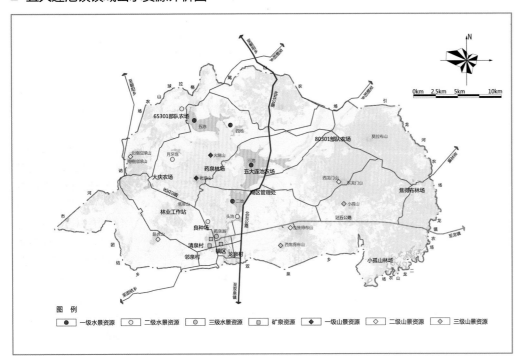

　　五大连池风景名胜区的风景资源主要以火山、矿泉以及湖泊水域为主，区内生态环境保持得相当完好，并且保留有大片湿地和天然次生林。五大连池风景区内具有代表性的风景资源主要是老黑山、火烧山和南北格拉球山等火山以及五大连池的5个池子等水域。

　　根据五大连池的地理地貌分布条件，风景资源的分布特点及其区位交通条件，五大连池镇域特色景观资源区划分为火山博览区、药泉休闲区、水上游憩区、天池游赏区、冰洞探奇区、湿地观光区、石寨探险区、火山控制区、森林保育区和生态农业区十大功能区划。这十大功能区划既彼此密切相关，又各成体系、各具特色，既有资源保护又引导发展，从而形成该保护的区域重点保护，可开发的地方加大开发力度，以此构成五大连池风景名胜区的系统工程。从十大区划的各自体系中看，基本上都体现了各自的主题特色，又不完全封闭于各自的体系，游赏组织可以互相串联，各自依托功能可以互相借鉴。

■ 五大连池镇镇域特色景观资源保护规划图

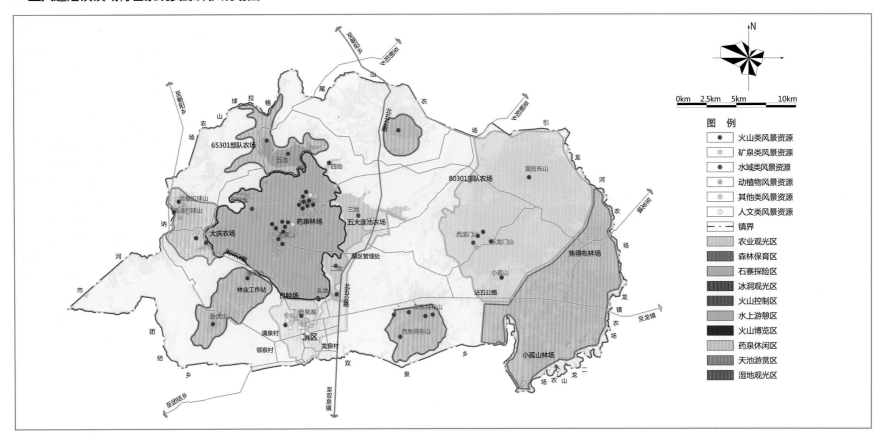

■ 五大连池镇镇域植被保护规划图

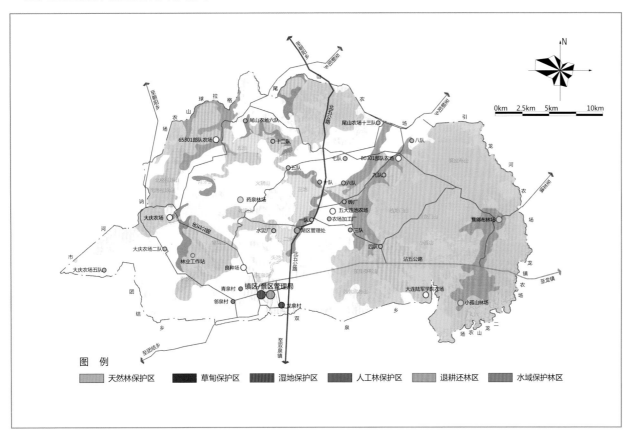

根据植被类型，镇域植被保护区划可分为天然林保护区、草甸保护区、湿地保护区、人工林保护区、退耕还林区及水域保护林区6大类，根据各植被类型的生长特点，采取不同的保护措施。此外，为了让五大连池风景名胜区及周边地区植被天然更新，在镇域范围内封山育林，既恢复植被的本来面目，更重要的是保护已有的较好的森林植物、动物资源，尽量减少这些暂不开发地区内人为的破坏，为远期建成一个"原野游憩区"供人们领略大森林的自然风光作准备。在各植物保护分区内，注重提高现有次生林分质量，加快改造进程。在进行林分改造时，须用人工造林的方法，引进珍贵阔叶树种，使低价值阔叶次生林改造为高价值阔叶林或针阔混交林。对阔叶树实行留优去劣，形成优美景观的纯林，通过天然更新能够形成密度适宜、分布均匀、树种占优势的林分，应加以保留和培育，以充分利用自然力。次生阔叶林改造方向为针阔混交林，诱导方法为"栽针保阔"，形式为株混、行混、块混与带混。林分改造时，注意需要与可能相结合，因地制宜。

■ 五大连池镇镇域分级保护规划图

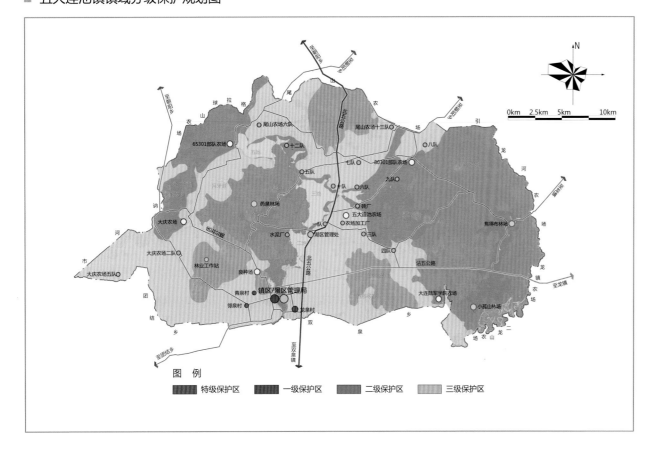

选取自然因素、环境因素、游憩因素的不同评价因子对镇域内的火山资源和水域资源进行评价，将镇域内风景保护的等级分为特级、一级、二级、三级。特级保护区包括石龙特级保护区、莫拉布山特级保护区，特级保护区的划定范围基本上与五大连池自然保护区的核心保护区范围一致，在保护手段和级别上也不可低于自然保护区的执行标准。一级保护区包括：石龙及五池一级保护区、龙门石寨一级保护区、格拉球山一级保护区、湿地一级保护区。二级保护区包括：焦得布山二级保护区、尾山二级保护区、卧虎山、笔架山二级保护区、药泉山二级保护区。除上述各级保护区之外的一般保护区，区划范围的其余部分均为三级保护区，为维护整个风景名胜区生态平衡的完整性，该区域内不得任意采伐树木，对特殊需要，需经过主管部门批准，只能择伐的方法，不得采用片伐的形式，且不得采伐中、幼龄树；经省及市政府批准，可以按计划设置旅游服务设施。

镇域防灾减灾规划

TOWNSHIP DISASTER PREVENTION AND REDUCTION PLANNING

五大连池镇镇域防灾体系应满足消防、防震、防洪、紧急救护等要求，五大连池镇镇域内有森林、建筑、村庄、宾馆等，防灾工作十分重要，完善的防灾系统是五大连池镇发展的前提条件。镇内防灾设施不断完备将保障镇内各项事业的发展，应建立完善的五大连池镇镇域防灾系统。

规划以森林消防、人防为重点，从"一级居民点—二级居民点—三级居民点"三个层次构建五大连池镇镇域防灾体系，在五大连池镇区设置消防指挥中心、救灾指挥中心及防疫站，大庆农场、五大连池农场设置救灾水源点、消防设施点、电力应急点，在药泉林场设置森林管护站，同时镇域内老黑山和火烧山两座休眠火山由设在五大连池市的火山监测站实时监控。

■ 休眠火山未来爆发地段

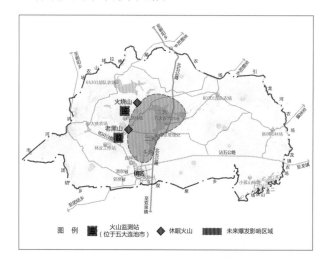

老黑山、火烧山这两座火山属于休眠火山，很有可能再次喷发。另据专家考证，区内的头池子、二池子、三池子一带有可能是未来爆发的地段。因此应做好与位于五大连池市的火山监测站之间的联系，便于灾害发生前做好人员疏散等前期救援工作。

■ 五大连池镇镇域防灾体系构建

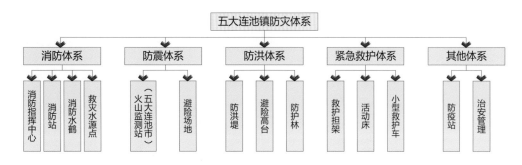

■ 五大连池镇镇域防灾减灾规划图

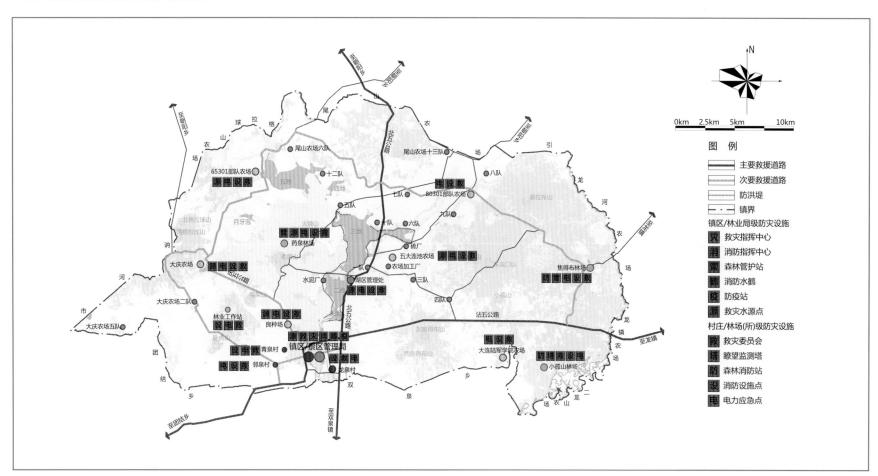

116

[1] 尹鸣鹤. 小城镇发展规模、空间布局及基础设施规划方法研究[D]. 上海：同济大学，2007.

[2] 赵珂. 山地小城镇外部空间形态特色发展规划[J]. 小城镇建设，2005, 01:44-47.

[3] 张景良. 加快我国农产品物流发展的对策[J]. 中国市场，2009, 06:54-55.

[4] 谢煜，张智光. 试论林业循环经济的内涵与层次[J]. 林业经济问题，2009, 01:11-14.

[5] 李祥龙，刘钊军. 城乡统筹发展，创建海南新型农村居民点体系[J]. 城市规划，2009, S1:92-97.

[6] 陈有川，尹宏玲，孙博. 撤村并点中保留村庄选择的新思路及其应用[J]. 规划师，2009, 09:102-105.

[7] 汤书福. 欠发达地区村镇规划编制的主要矛盾及对策——以浙江省丽水市村镇规划编制工作为例[J]. 城市规划，2008, 12:62-64.

[8] 仇保兴. 生态文明时代乡村建设的基本对策[J]. 城市规划，2008, 04:9-21.

[9] 蒋蓉，邱建. 城乡统筹背景下成都市村镇规划的探索与思考[J]. 城市规划，2012, 01:86-91.

[10] 何灵聪. 城乡统筹视角下的我国镇村体系规划进展与展望[J]. 规划师，2012, 05:5-9.

[11] 姚胜永，牟武昌，卢源. 汽车配件产业空间导向整合研究——以唐山现代装备制造工业区为例[J]. 城市发展研究，2012, 06:102-106.

[12] 李枫，张勤. "三区""四线"的划定研究——以完善城乡规划体系和明晰管理事权为视角[J]. 规划师，2012, 11:29-31.

[13] 张晓梅，张珑晶. 黑龙江省林业循环经济发展水平评价研究[J]. 林业经济问题，2012, 06:477-481.

[14] 耿慧志，贾晓韡. 村镇体系等级规模结构的规划技术路线探析[J]. 小城镇建设，2010, 08:66-72.

[15] 王丁棉. 中国牧场经营模式初探[J]. 北方牧业，2010, 24:9.

[16] 杨荣南. 泉州市域小城镇职能类型划分研究[J]. 现代城市研究，1998, 02:42-46.

[17] 王秀兰. 基于遥感的呼伦贝尔盟农牧业土地利用变化及其对地区农业持续发展影响的研究[J]. 地理科学进展，1999, 04:322-329.

[18] 吕晓英，吕胜利. 中国主要牧区草地畜牧业的可持续发展问题[J]. 甘肃社会科学，2003, 02:115-119.

[19] 周雷. 基于多属性优序决策的农机制造产业链OEM/ODM甄选研究[J]. 中国农机化，2007, 01:29-32.

[20] 姚艳敏，王立刚，陈仲新，等. 区域农牧业可持续发展决策支持系统研究[J]. 地域研究与开发，2007, 02:112-116.

[21] 戴小枫，边全乐，付长亮. 现代农业的发展内涵、特征与模式[J]. 中国农学通报，2007, 03:504-507.

[22] 朱玉林，陈洪. 基于可持续发展理论的林业循环经济研究[J]. 生态经济，2007, 06:108-110.

[23] 衣爱东. 黑龙江垦区农业现代化评价体系研究[J]. 中国农垦，2007, 10:32-35.

[24] 陈红兵，卢进登，赵丽娅，等. 循环农业的由来及发展现状[J]. 中国农业资源与区划，2007, 06:65-69.

[25] 寇聪慧. 生态、经济双视角下区域空间管制规划研究[D]. 西安：西安建筑科技大学，2012.

[26] 高密. 基于产业结构调整视角下的乡村规划方法初探[D]. 重庆：重庆大学，2012.

[27] 郝晋伟，李建伟，刘科伟. 城市总体规划中的空间管制体系建构研究[J]. 城市规划，2013, 04:62-67.

[28] 黄伟. 基于生态规划的小城镇空间管制规划研究[J]. 小城镇建设，2013, 05:87-92.

[29] 危玮. 五大连池旅游业对周边乡镇经济发展的影响分析——以五大连池市双泉镇为例[J]. 安徽农学通报，2013, 07:14-15.

[30] 周银波，蓝桃彪，毕婧. 城乡发展一体化下乡村居民点合理集聚的方式——以吴江黎里镇浦南片区为例[J]. 城市规划，2013, 09:55-59.

[31] 刘国忠，杜丽华. 察尔森水库渔业发展与渔池的合理利用[J]. 东北水利水电，2004, 03:49.

[32] 刘平辉，熊国保，邹晓明. 绿色产业规划与设计中的产业选择原则[J]. 企业经济，2004, 06:95-96.

[33] 韩守庆，李诚固，郑文升. 长春市城镇体系的空间管治规划研究[J]. 城市规划，2004, 09:81-84.

[34] 张珑晶，张晓梅，王偲. 东北国有林区林业循环经济运行效率评价研究[J]. 林业经济问题，2013, 05:427-432.

[35] 王利伟，赵明. 草原牧区城镇化空间组织模式：理论与实践——以内蒙古自治区锡林郭勒盟为例[J]. 城市规划学刊，2013, 06:40-46.

[36] 安立龙，效梅，曹五七. 我国生态畜牧业产业化的理念及其经营方式[J]. 农业现代化研究，2002, 03:188-191.

[37] 司瑞瑞，陈怀录. 小城镇总体规划中的空间管制规划方法探讨[J]. 甘肃科技，2014, 05:1-4.

[38] 王先芝，程辉. 乡级土地利用总体规划实施定期评估研究——以公主岭市范家屯镇为例[J]. 安徽农业科学，2014, 25:8763-8765.

[39] 张海良，陈雪君. 甘肃藏区特色农牧业产业链构建[J]. 贵州民族研究，2014, 10:149-152.

[40] 张琦峰. 我国北方农牧交错区农牧业发展影响因素分析[D]. 北京：北京大学，2005.

[41] 魏清太. 察尔森水库发展旅游业的探讨[J]. 东北水利水电，2000, 10:15-39.

[42] 张月君. 基于农垦系统特征分析的农场（镇）规划研究[D]. 沈阳：沈阳建筑大学，2013.

[43] 汤春杰. 常熟市辛庄镇居民点分布实态研究[D]. 上海：同济大学，2008.

[44] 焦子伟，郭岩彬，孟凡乔，等. 论生态资源丰富经济欠发达区绿色产业发展战略——以新疆伊犁河谷地区为例[J]. 中国农业资源与区划，2011, 02:13-17.

[45] 张柏杨，李龙. 对我国汽车零配件物流运作模式的思考[J]. 中国商贸，2011, 23:148-149.

[46] 张南.哈尔滨农机产业园发展规划研究[D].哈尔滨：哈尔滨工业大学，2011.

[47] 韩青，顾朝林，袁晓辉.城市总体规划与主体功能区规划管制空间研究[J].城市规划，2011，10:44-50.

[48] 孙立纲，吴俊义.农机产业化方向、建设重点及运行规律[J].农机化研究，1996，04:11-14.

[49] 彭震伟，陆嘉.城镇密集地区农村居住模式的思考[J].城市规划学刊，2006，01: 18-21.

[50] 王夏晖，王晶晶，金陶陶等.城市群区域生态环境空间管制分区与发展指引[J].环境保护，2014，23:33-36.

[51] 闫红.古交市小城镇公共服务设施供给研究[D].西安：西安建筑科技大学，2013.

[52] 顾晓峰.小型种养结合生态家庭农场模式的探索与研究[D].上海：上海交通大学，2010.

[53] 孙若兰.基于综合防灾减灾的陕南山区县域城乡空间布局策略研究[D].西安：西安建筑科技大学，2010.

[54] 仇焕广，严健标，蔡亚庆，等.我国专业畜禽养殖的污染排放与治理对策分析——基于五省调查的实证研究[J].农业技术经济，2012，05:29-35.

[55] 杨亮，葛力大，戴宏.内蒙古光伏产业:从资源优势到全产业链优势[J].北方经济，2012，11:31-33.

[56] 塔娜，张裕凤，赵明等.内蒙古自治区农村居民点用地整理潜力研究[J].经济地理，2012，08:136-141.

[57] 苗展堂，运迎霞，黄焕春.村镇选择性共享类基础设施共享门槛分析——以污水处理设施为例[J].天津大学学报(社会科学版)，2012，05:422-426.

[58] 王金岩，何淑华.从"树形"到"互动网络"——公交引导下的村镇社区空间发展模式初探[J].城市规划，2012，10:68-74.

[59] 吕军，尹伟锋，侯俊东.两型社会建设试点区农村生态环境变迁规律研究[J].中国人口•资源与环境，2012，10:55-62.

[60] 荣丽华.内蒙古中部草原生态住区适宜规模及布局研究[D].西安：西安建筑科技大学，2004.

[61] 孔祥威，顾为东.风电三种利用模式分析[J].中国工程科学，2015，03:20-23.

[62] 谢振光.大兴安岭北部林区森林防火基础设施建设成效及对策[J].林业资源管理，2014，06:21-23.

[63] 郭杰，包倩，欧名豪等.农村居民点整理适宜性评价及其分区管制[J].中国人口•资源与环境，2015，04:52-58.

[64] 段炼，雷娜，李云燕等.基于低水平生态安全格局的山地村镇防灾减灾规划研究——以重庆市罗田镇为例[J].西部人居环境学刊，2015，02:82-87.

[65] 栾晓峰，黄维妮，王秀磊等.基于系统保护规划方法东北生物多样性热点地区和保护空缺分析[J].生态学报，2009，01:144-150.

[66] 过秀成，王丁，姜晓红.城乡公交一体化规划总体框架构建[J].现代城市研究，2009，02:24-28.

[67] 周曙东，崔奇峰，王翠翠.农牧区农村家庭能源消费数量结构及影响因素分析——以内蒙古为例[J].资源科学，2009，04:696-702.

[68] 高涛，乌兰，邱瑞奇等.内蒙古的绿色能源及能源领域应对气候变化对策的思

考[J].西部资源，2009，01:18-26.

[69] 佟小林，乌兰，王超等.内蒙古地区风能、太阳能资源互补性分析[J].内蒙古气象，2009，03:32-33.

[70] 朱鲤.特大城市乡村旅游交通规划研究与实践[J].城市公用事业，2009，02:37-40.

[71] 杨忠伟，岳晓群.新农村居民点规划及宅基地市场化分配模式[J].城市规划学刊，2009，06:68-71.

[72] 张生瑞，邵春福，严海.公路交通可持续发展评价指标及评价方法研究[J].中国公路学报，2005，02:74-78.

[73] 饶翔，彭孟杰.国有农场规划结构探讨——以武汉市辛安渡农场为例[J].规划师，2005，04:37-39.

[74] 邱才娣.农村生活垃圾资源化技术及管理模式探讨[D].浙江：浙江大学，2008.

[75] 王帆.城市高速公路环境保护评价指标体系的研究[D].西安：西安建筑科技大学，2008.

[76] 杨超.北京市西山试验林场防火监测点布局研究[D].北京：北京林业大学，2006.

[77] 相伟.城乡一体化进程中城镇公交规划方法研究[D].南京：东南大学，2006.

[78] 侯红岩.上海典型村镇用能现状分析及供能方案研究[D].上海：同济大学，2007.

[79] 肖刚.国内外森林防火技术现状及趋势探讨[D].天津：天津大学，2006.

[80] 井天军，杨明皓.农村户用风/光/水互补发电与供电系统的可行性[J].农业工程学报，2008，08:178-181.

[81] 王元元.内蒙古清洁能源产业的发展现状及对策建议——以太阳能与风能为例[J].北方经济，2013，22:40-41.

[82] 杨立超，杨忠杰，王明臣.察尔森水库开发太阳能光伏发电系统的探讨[J].东北水利水电，2011，01:69-70.

[83] 谢苗苗，李超，刘喜韬等.喀斯特地区土地整理中的生物多样性保护[J].农业工程学报，2011，05:313-319.

[84] 曲艺，王秀磊，栾晓峰等.基于不可替代性的青海省三江源地区保护区功能区划研究[J].生态学报，2011，13:3609-3620.

[85] 黄昌平，梁志荣.国有林场建设的可持续发展[J].农家科技，2011，03:21.

[86] 王宏远，林永新，胡晓华.城乡统筹中的基本公共服务均等化规划技术探讨[J].城市发展研究，2011，09:3-7.

[87] 姜永文，马翠杰，李将军等.国有林场建设存在的问题与对策[J].吉林农业，2011，12:183.

[88] 周静海，何睿.地震多发山区村镇防灾用地适宜性评价研究[J].防灾减灾工程学报，2010，S1:327-330.

[89] 陈群元，宋玉祥.我国新农村建设中的农村生态环境问题探析[J].生态经济，2007，03:146-148+152.

[90] 张供领，许腾.从环卫角度看畜牧业的发展[J].中国畜禽种业，2007，03:49.

[91] 赵天宇，刘宇舒.严寒地区村镇体系规划的绿色观及实现途径[J].规划师，2015，06:67-70.

[92] 程文，夏雷.严寒地区村镇公共服务设施配置与布局优化[J].规划师，2015，

06:81-85.

[93] 王志涛，苏经宇，刘朝峰.城乡建设防灾减灾面临的挑战与对策[J].城市规划，2013，02:51-55.

[94] 杨新海，洪亘伟，赵剑锋.城乡一体化背景下苏州村镇公共服务设施配置研究[J].城市规划学刊，2013，03:22-27.

[95] 任晓蕾.平原村镇防灾减灾策略探析与研究[D].天津：天津大学，2012.

[96] 徐波.城市防灾减灾规划研究[D].上海：同济大学，2007.

[97] 李宝银.试论森林与防灾减灾[J].华东森林经理，1999，01:1-3.

[98] 孔明.新时期国有林场建设发展的方向和任务[J].中国林业，2003，06:5-7.

[99] 阮仪三，吴承照.历史城镇可持续发展机制和对策——以平遥古城为例[J].城市发展研究，2001，03:15-17.

[100] 吴波，朱春全，李迪强等.长江上游森林生态区生物多样性保护优先区确定——基于生态区保护方法[J].生物多样性，2006，02:87-97.

[101] 吕明伟，孙震，张媛.休闲农业规划设计与开发[M].北京：中国建筑工业出版社，2010.

[102] 颜景辰.中国生态畜牧业发展战略研究[M].北京：中国农业出版社，2008.

[103] 黄明华.生长型规划布局——西北地区中小城市总体规划方法研究[M].北京：中国建筑工业出版社，2008.

[104] 张泉，王晖，陈浩东.城乡统筹下的乡村重构[M].北京：中国建筑工业出版社，2006.

[105] 房志勇.规划先行：村镇建设规划[M].北京：中国计划出版社，2007.

[106] 同济大学城市规划系乡村规划教学研究课题组.乡村规划——规划设计方法与2013年度同济大学教学实践[M].北京：中国建筑工业出版社，2014.

[107] 朴永吉.村庄整治技术手册•村庄整治规划编制[M].北京：中国建筑工业出版社，2010.

[108] 中国建筑设计研究院，中国建筑设计研究院城镇规划设计研究院.镇乡村及农村社区规划图样集[M].北京：中国建筑工业出版社，2013.

[109] 金兆森，陆伟刚.村镇规划[M].3版.南京：东南大学出版社，2010

[110] 王纪武.生态型村庄规划理论与方法——以杭州市生态带区域为例[M].浙江：浙江大学出版社，2011.

[111] 汤铭潭.小城镇生态环境规划[M].2版.北京：中国建筑工业出版社，2013.

[112] 李昂.基于生态敏感性评价的朗乡镇镇域景观格局研究[D].哈尔滨：哈尔滨工业大学，2014.

[113] 姜健.严寒地区绿色村镇环卫体系规划对策研究[D].哈尔滨：哈尔滨工业大学，2014.

[114] 吴宦漳.绿色村镇视阈下严寒地区农产品储运[D].哈尔滨：哈尔滨工业大学，2014.

[115] 王宇飞.严寒地区村镇绿色交通系统规划策略研究[D].哈尔滨：哈尔滨工业大学，2014.

致　谢

《严寒地区绿色村镇体系范例图集》作为"十二五"农村领域国家科技计划课题"严寒地区绿色村镇体系及其关键技术"（2013BAJ12B01）的成果之一，在编制过程中受到项目组织单位、调研地方政府、规划设计机构、多位专家评审的支持与帮助。

感谢科技部、省科技厅、哈尔滨工业大学等项目组织单位的领导，以及在课题及图集成果形成过程中予以评议、评审的各位专家，感谢他们在课题调研初期、课题中期汇报和深化过程中给予的建设性意见。

感谢调研乡镇的地方政府、各单位，以及为调研提供联络的工作人员在案例资料收集、现场踏勘过程中提供的配合与协助。同时感谢黑龙江省五大连池市及双泉镇政府各部门的相关领导和工作人员，五大连池风景名胜区管委会及五大连池农场各部门的相关领导和工作人员，铁力市、朗乡林业局及朗乡镇政府各部门的相关领导和工作人员，哈尔滨农垦分局松花江农场各部门的相关领导和工作人员，吉林省长春市双阳区及齐家镇政府各部门的相关领导和工作人员，公主岭市及范家屯镇政府各部门的相关领导和工作人员，内蒙古自治区兴安盟市、科右前旗县及察尔森镇政府各部门的相关领导和工作人员。

感谢哈尔滨工业大学城市规划设计研究院、北京清华同衡城市规划设计研究院、上海同济城市规划设计研究院、同济大学风景旅游系、长春市城乡规划设计研究院、五大连池风景区诚艺规划设计院、内蒙古自治区兴安盟规划设计研究院等规划设计机构及其规划同仁，他们无私地为图集绘制提供了丰富的现状资料和规划成果。

最后特别感谢所有为课题研究及图集编制付出了艰辛努力的课题组全体成员。

哈尔滨工业大学建筑学院教授、博士生导师

2015年7月于土木楼